DESIGN AND IMPLEMENTATION OF
INERTIAL/SATELLITE INTEGRATED
NAVIGATION SIMULATION AND
EVALUATION SYSTEM IN MISSILE BASED
ENVIRONMENT

U0268514

弹载环境下惯性/卫星组合
导航仿真评估系统设计与实现

主编 高伟伟 高 敏

北京理工大学出版社
BEIJING INSTITUTE OF TECHNOLOGY PRESS

图书在版编目（CIP）数据

弹载环境下惯性/卫星组合导航仿真评估系统设计与
实现/高伟伟，高敏主编. -- 北京：北京理工大学出
版社，2024．3
　　ISBN 978 - 7 - 5763 - 3728 - 0

Ⅰ．①弹… Ⅱ．①高… ②高… Ⅲ．①惯性导航系统
- 卫星导航 - 组合导航 - 系统设计 Ⅳ．①TN96

中国国家版本馆 CIP 数据核字（2024）第 062583 号

责任编辑：刘　派　　文案编辑：刘　派
责任校对：周瑞红　　责任印制：李志强

出版发行 / 北京理工大学出版社有限责任公司
社　　　址 / 北京市丰台区四合庄路 6 号
邮　　　编 / 100070
电　　　话 / （010）68944439（学术售后服务热线）
网　　　址 / http://www.bitpress.com.cn

版 印 次 / 2024 年 3 月第 1 版第 1 次印刷
印　　　刷 / 廊坊市印艺阁数字科技有限公司
开　　　本 / 710 mm × 1000 mm　1/16
印　　　张 / 10．5
彩　　　插 / 5
字　　　数 / 160 千字
定　　　价 / 69．00 元

编 写 人 员

主　　编　高伟伟　高　敏

副 主 编　方　丹　郭希维

编写人员　刘秀芳　陶贵明　王红云　王　毅

　　　　　郑　旭　张红艳　李文钊　李超旺

　　　　　孙立武

前　言

惯性/卫星组合导航技术是智能弹药导弹领域广泛采用的一项关键技术，尤其在弹药制导化改制方面发挥着非常重要的作用。惯性/卫星组合导航在弹载环境下是否能发挥有效性能，是装备研制过程中必须考核的重要内容。为缩短研制周期，降低研制成本，在飞行试验验证前，可通过地面仿真试验手段对弹载环境下的组合导航性能进行评估。基于以上思路，在前期科研工作基础上，对弹载环境下惯性/卫星组合导航仿真评估系统的相关理论、设计思路和实现方法进行了归纳整理，完成了评估系统的软件开发和应用，形成了弹载环境下惯性/卫星组合导航仿真评估系统设计与实现的理论技术框架。

本书主要分为6章内容，第1章为弹载环境分析与建模，分析了智能弹药组合导航技术应用现状，结合弹载环境特点介绍了弹道模型和环境模型建立方法；第2章为弹载环境下组合导航技术评估指标体系构建方法，从指标体系总体构建方案、评估环境条件约束参量构建、组合导航系统评价指标体系构建三个方面进行了描述；第3章为弹载环境下组合导航系统建模方法，主要对惯导/卫星松组合、紧组合误差建模、IMU误差建模进行了梳理归纳；第4章为弹载环境下组合导航技术仿真评估方法，主要从器件级、系统级、总体性能三个层次对组合导航评估方法进行了整理总结；第5章为组合导航仿真评估系统软件设计开发，对系统需求分析、软件设计方案、软件模块设计、软件开发结果进行了详细介绍；第6章为弹载环境下组合导航性能评估试验，主要对数学仿真试验、环境性能试验和应用实测试验过程进行了描述。

在编写过程中，陆军工程大学石家庄校区高伟伟、高敏负责完成了全书内容的规划和统编工作，高伟伟、高敏负责完成了第 1、2、3 章，方丹、郭希维、陶贵明负责完成了第 4 章，刘秀芳、王红云、王毅负责完成了第 5 章，郑旭、张红艳、李文钊、李超旺、孙立武负责完成了第 6 章。北京理工大学出版社为本书的出版给予了大力的帮助，在这里表示一并感谢。

本书可作为一本技术参考书，供从事组合导航、制导控制仿真领域的研究工作者以及组合导航仿真评估系统的开发者使用，也可以当做辅助教材，供从事相关领域的教学工作者、本科生、研究生使用。

由于编者水平有限，书中有疏漏和不当之处，欢迎读者批评指正。

编者
2024 年 1 月于石家庄

目　录

概　述

组合导航技术是飞行器制导的核心关键技术，惯性/卫星组合导航主要为飞行器制导提供可靠的位置、速度和姿态等信息。由于技术成熟、成本低廉，并在性能方面兼具惯性导航自主性强、数据更新率高，以及卫星导航位置、速度精度高的优势，组合导航技术已广泛应用于弹药制导化改造和新型制导弹药/导弹的研制中。

组合导航仿真评估是在地面实验条件下，模拟典型弹道数据，将数据采用组合导航方法解算导航参数，并对组合导航性能进行评估。在制导弹药的设计定型过程中，为了考核评价组合导航系统的性能，需要在模拟仿真环境下开展组合导航性能测试试验，结合实际飞行工作环境条件，使用模拟环境条件下获得的试验数据，对组合导航性能进行评估。

在弹载环境下对惯性/卫星组合导航系统性能进行评估，首先需要在实验室条件下，根据飞行环境特性和弹道特性搭建仿真环境。例如，采用三轴转台模拟姿态运动环境条件，采用卫星模拟器模拟线运动环境条件，采用环境模型模拟干扰环境条件，采用轨迹发生器生成弹道条件等。其次，为了量化比对组合导航系统输出参数的偏离程度，需要建立惯性/卫星组合导航试验数据基准，如数学理论基准、高精度输出基准等。最后，在设定好仿真试验环境条件、基准弹道条件以及组合导航参数条件后，采用时间序列驱动解获取到惯性/卫星组合导航相关参数变化，并通过其与基准数据的比较，验证和评估组合导航系统的性能。

本书以弹载环境下惯性/卫星组合导航仿真评估为例，总结归纳仿真评估系统的设计思路和各功能模块的实现方法，以 MATLAB 为开发环境，介绍惯性/卫星组合导航仿真评估系统的开发实现过程。

惯性/卫星组合导航仿真评估系统设计的总体框架如图 0 - 1 所示。

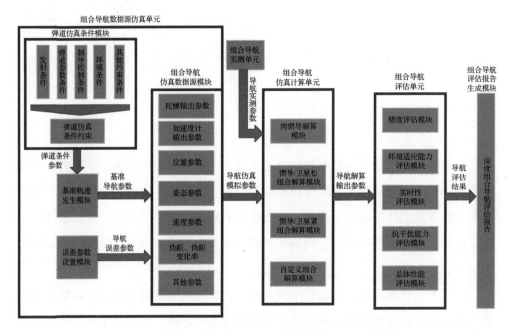

图 0 - 1　惯性/卫星组合导航仿真评估系统设计总体框架

根据组合导航仿真评估功能需求，评估系统分为组合导航数据源仿真单元、组合导航仿真计算单元、组合导航评估单元三部分。

组合导航数据源仿真单元主要为组合导航仿真计算提供仿真数据。该单元以弹道仿真条件约束为输入，搭建基准轨迹发生模块，生成基准导航参数，基准导航参数可作为验证导航算法的数据源，也可作为导航解算误差的评价基准。同时，根据弹道条件下导航参数和惯性测量单元（inertial measurement unit，IMU）误差特性，可设置误差参数。通过合成基准导航参数与导航误差参数，可形成组合导航仿真数据源模块。

组合导航仿真计算单元主要以组合导航仿真模拟参数为输入，采用不同导航解算方法实现相关导航参数的解算，解算内容主要包括纯惯性导航系统（简称惯导）解算、惯导/卫星松组合解算和惯导/卫星紧组合解算。自定义组合解算模块可实现状态量的选取等功能。组合导航仿真计算单元应预留组合导航实测单元输入数据接口，通过加载实测数据实现导航解算。

组合导航评估单元主要实现精度、环境适应能力、实时性、抗干扰能力和总体性能的评估。其中精度主要包括 IMU 精度、全球导航卫星系统（global navigation satellite system，GNSS）精度、姿态精度、速度精度、位置精度。环境适应能力的评估主要通过设定不同的飞行环境条件，考核在不同的飞行环境条件下组合导航参数的收敛性能和自适应性能。实时性评估主要结合组合导航算法复杂度得出单次组合解算时间，考核组合导航参数的更新频率是否满足飞行实时性要求。抗干扰能力评估主要考核在卫星信号受到干扰的情况下，组合导航系统保持一定性能指标的能力。总体性能评估模块主要结合各指标性能，采用相应指标评估方法，对组合导航的总体性能进行评估。

第 1 章

弹载环境分析与建模

▉ 1.1 智能弹药组合导航技术应用现状

智能弹药是弹药的重要组成部分，也是弹药领域发展的重要方向。在未来战争中，智能弹药实现智能探测、智能决策、精确制导等功能，能为精确打击力量的形成奠定基础。目前正在发展的智能弹药主要包括智能协同弹药、制导炮弹、制导火箭弹、制导炸弹、弹道修正弹、无人机载弹药和导弹等。组合导航技术是弹药智能化发展的关键技术，在弹药智能化系统中，组合导航系统能提供位置、速度、姿态等关键系统状态的参数信息，其提供参数的准确性直接影响着智能弹药的决策和制导的准确性。

在弹药智能化改造和研制中，最初采用的是半主动激光制导技术，如美国的"铜斑蛇"制导炮弹、"宝石路"制导炸弹、俄罗斯的"红土地"制导炮弹等。然而，激光制导精度受气候影响较大，并且制导过程中需要前方人员始终照射目标，这会大幅降低作战人员的安全性。随着惯性传感技术、地磁传感技术、卫星导航技术等相关导航技术的成熟，智能化弹药改造和研制逐渐采用了组合导航与制导技术。组合导航技术可实现多种导航方式的优势互补，目前在智能化弹药改造和研制中主要采用的组合导航技术包括惯性/激光组合导航技术、惯性/地磁组合导航技术、地磁/卫星组合导航技术、惯性/卫星组合导航技术等。这些组合导航技术使得制导弹药在发射后可自主进行导航，并显著提高了制导距离和抗干扰等方面的性能。

随着卫星导航技术应用的快速推广，其高精度和低成本特性在制导弹药中的优势逐步显现。微惯性技术的快速应用大幅降低了惯性测量组合成本，且满足了制导弹药高过载和小型化的需求。借助卫星导航的高精度和惯性导航自主性高、隐蔽性和抗干扰能力强、数据更新率高的优势，惯性/卫星组合导航技术已成为弹药制导化改造和研制的首选技术。在高过载和高旋转弹领域，采用较多的组合导航方式是微惯性/卫星组合导航方式。目前惯性/卫星组合导航系统在智能弹药中的应用主要有松组合和紧组合两种方式，大多数情况下采用的是松组合方式。

目前已处在应用阶段的智能弹药中，采用惯性/卫星组合导航技术的典型制导炮弹有：美国研制的"宝石路"Ⅳ制导炸弹、SDB 小直径制导炸弹和 JDAM 制导炸弹，美英联合研制的 XM982 "神剑" 155 mm 制导炮弹，意大利研制的"火山"系列制导炮弹，法国研制的"鹈鹕" 155 mm 制导炮弹，以色列研制的"尖端火炮"制导炮弹，中国研制的 WS－35 型 155 mm 制导炮弹。采用惯性/卫星组合导航技术的典型制导火箭弹有：美英法德意五国联合研制的 XM31 制导火箭弹，俄罗斯研制的 9M55 型 300 mm 制导火箭弹，以色列研制的 EXTRA 型制导火箭弹（见图 1－1），塞尔维亚研制的 R400 型 400 mm 制导火箭弹，土耳其研制的"虎"式 300 mm 制导火箭弹，四川航天工业总公司研制的 WS－32、WS－3A 型

图 1－1　EXTRA 型制导火箭弹

制导火箭弹（见图 1 - 2），中国兵器工业集团有限公司研制的部分"火龙"系列制导火箭弹（见图 1 - 3）。此外，美国的 BGM - 109 战斧巡航导弹，以及部分制导炮弹、无人机载弹药等均采用了惯性/卫星组合导航技术。采用该组合导航技术，以上弹药的打击精度由原来的几百米提高到了 20 m（CEP①）以内。

图 1 - 2 "卫士" WS 系列制导火箭弹

图 1 - 3 "火龙" 系列制导火箭弹

针对未来智能弹药的发展需要，美国 Draper 实验室将微惯性/卫星组合导航应用到增程制导弹药演示验证项目中，选用了低精度 IMU 与卫星接收机的组合，其陀螺的零偏稳定性为 1 000°/h，加速度计零偏稳定性为 $50 \times 10^{-3}g$，组合方式采用 C/A 码紧组合，试验得到的定位误差小于 20 m，可承受的发射过载为 6 000。英国 BAE 公司在此基础上进行了改进，微惯性/卫星组合选用较高精度的微机电系统（micro electro - mechanical system，MEMS）惯组，形成了 SiNAV 型 INS/GPS 组合

---

① 圆概率误差，circular error probable，CEP。

导航产品系列（见图 1−4），其陀螺的零偏稳定性为 50°/h，加速度计零偏稳定性为 $2.5 \times 10^{-3} g$，同样采用 C/A 码紧组合方式，定位误差小于 10 m，可承受的发射过载为 20 000。同样，在抗高过载弹药先进技术演示验证项目中，制导炮弹采用微惯性/卫星组合导航方式，陀螺的零偏稳定性为 50°/h，加速度计零偏稳定性为 $1 \times 10^{-3} g$，采用 P 码紧组合方式，可承受的发射过载为 12 500。霍尼韦尔公司研制的 IGS−200 型 INS/GPS 组合导航系统（见图 1−5）应用在制导炮弹中，其陀螺零偏稳定性为 20°/h，加速度计零偏稳定性为 $20 \times 10^{-3} g$，可承受最大发射过载为 15 500，在卫星信号受到干扰的条件下，20 s 内的位置精度可保持在 30 m 以内。

图 1−4　SiNAV 型 INS/GPS
组合导航系统

图 1−5　IGS−200 型 INS/GPS
组合导航系统

　　国内相关单位也开展了未来制导弹药的演示验证项目，目前正针对不同型号的制导炮弹、制导火箭弹、智能协同弹药、导弹等智能弹药开展惯性/卫星组合导航相关试验验证工作。组合导航方式主要采用位置 + 速度的松组合方式，紧组合方式则主要处于探索和仿真试验阶段，实际测试验证和应用相对较少。

　　综上分析，惯性/卫星组合导航技术是智能弹药发展的一项关键核心技术，特别是在弹药制导化改造和研制方面发挥着非常重要的作用。根据该技术在制导弹药中的应用趋势，紧组合方式将是未来提高智能弹药性能的关键技术。开展智能弹药惯性/卫星组合导航技术的仿真评估与验证工作，将为新型智能弹药的研制定型储备技术能力和评估手段。

■ 1.2 智能弹药典型弹载环境分析

弹载环境一般比较复杂，飞行环境和干扰环境等都会对组合导航性能产生影响，为了充分发挥组合导航系统的特性，需要深入考虑弹载环境的特性。典型的弹载环境包括力学环境、温度环境、电磁环境等。其中，力学环境主要包括发射过载、线运动状态、角运动状态、冲击振动状态等；温度环境主要包括弹载环境温度状态及变化特征；电磁环境主要包括电磁强度及变化特征。

发射过载是影响惯性/卫星组合导航性能的首要因素，过载过大可能直接损坏导航系统中的相关电子器件，导致制导过程中无法有效获取导航数据。对于火炮发射的制导炮弹而言，发射过载与火炮口径、火炮膛压、炮弹质量、炮管磨损程度等因素有关。不同类型的炮弹发射过载差异较大，大部分在 2 000～20 000 范围内。制导火箭弹和导弹的发射过载与火箭发动机的推力及弹体质量相关，大部分在 10～100 之间。与制导炮弹、制导火箭弹相比，一般制导炸弹的过载较小。

除发射过载外，制导弹药的旋转运动对惯性/卫星组合导航性能也有显著影响。制导弹药的旋转会降低接收机收星效率，过高的旋转速度将导致卫星接收机信号失锁，出现丢星现象；此外，较高的旋转速度要求角运动的测量范围更广，对惯性测量单元的精度要求也更高。在炮弹制导化改造和研制中，一般通过增加减旋装置来将每秒几百转的转速降低到 20 r/s 以下，以便于实现有效的制导控制。相比炮弹，大部分火箭弹旋转速度较低，一般在20 r/s 以下，采用减旋装置可将制导火箭弹的旋转速度控制在 10 r/s 以下，有些制导火箭弹甚至可以实现无旋转。导弹与制导火箭弹的旋转环境相似，制导炸弹一般经过姿态稳定后弹体不旋转。

制导弹药的弹体在空中会进行高速飞行和大范围机动，飞行过程中可能因为发动机振动、气流冲击、弹体结构特性等因素，产生振动和冲击的力学环境，这将影响惯性测量单元和卫星接收机输出数据的稳定性，从而在组合导航系统层面影响卡尔曼（Kalman）滤波的收敛速度和误差估计精度，进而影响制导弹药组合导航的总体性能。在弹体结构设计条件相同的情况下，振动和冲击环境的恶劣程度通常与制导弹药的机动剧烈程度成正比，因此，按照恶劣程度大小排序，依次为制导炮弹、制导火箭弹（导弹）、制导炸弹。

温度环境是影响组合导航性能的重要因素，尤其在弹载环境下，组合导航系统的工作环境温度变化较大，可能导致相关传感单元性能不稳定。影响制导弹药弹载环境温度的主要因素包括膛内热、空气动力热、电源发热等。制导炮弹发射过程中，膛内的发射药气体温度可达数千摄氏度；炮弹的连续射击会导致炮管温度升高，例如，82 mm 迫击炮连续快速发射 30 发炮弹后，炮管温度可达 300 ℃ 以上，而膛内温度会更高。这些膛内热产生的主要因素通常会使弹体在出炮口初期温度达到最大值。在飞行过程中，弹体与空气的摩擦会产生空气动力热，导致弹体温度逐渐升高。温度升高的速度和程度与弹体表面粗糙度及飞行速度等因素有关，对于速度在 $Ma\,2$ 以上的弹体，空气动力热可使弹体表面温度达到 400 ℃ 以上。制导弹药一般采用热电池供电，热电池工作过程中电源表面温度会迅速升高，一般可达到 200 ℃ 左右，由于该热源位于弹体舱段内，在系统设计中必须考虑其温度对各部件的影响。以上热源都会影响制导弹药的弹载环境温度，组合导航系统设计过程中需要综合考虑这些温度因素的影响。

智能弹药在实际作战中将面临复杂的战场电磁环境的挑战，尤其是组合导航系统中的卫星导航模块。影响电磁环境的因素主要有：各种背景辐射产生的电磁波和二次辐射电磁波，弹上电子设备产生的电磁信号，以及各种主动干扰设备释放的干扰电磁信号。在战场环境下，对卫星导航来说，主动干扰信号源是影响导航性能的主要因素，也是组合导航领域急需解决的关键问题。目前，针对卫星导航的主要干扰包括压制式干扰和欺骗式干扰。

除以上因素外，弹载环境还包括弹道基准环境。在智能弹药研制中，组合导航系统总体性能应满足弹道总体参数的要求，这些参数包括精度、射程、速度、角运动范围、线运动范围、数据更新率、飞行过载范围、工作时间、实时性等。

1.3 智能弹药典型弹载环境建模

弹载环境模型是开展组合导航系统仿真与评估试验的基础，为智能弹药的弹道和环境仿真提供理论依据。弹载环境模型主要包括弹道模型和环境模型。弹道模型是表征智能弹药运动规律的模型，也是分析和模拟智能弹药运动的基础，主要为组合导航系统仿真提供模拟弹道基准，并对组合导航系统的总体性能参数进行约束。环境模型主要用于模拟组合导航系统的工作环境特性。

1.3.1 弹道模型

以惯性/卫星组合制导火箭弹典型弹道方案（见图 1-6）为例，通常以无控弹道为基准。火箭弹发射后依次进入三通道控制：滚转通道采用滚转稳定控制；航向通道采用全程速度矢量控制，使速度矢量在发射坐标系射击平面的投影始终对准目标；俯仰通道在飞行初期根据基准弹道给出的弹道倾角进行速度矢量控制，当飞行到降弧段一定高度时，俯仰通道引入带落角约束的比例导引控制。惯性/卫星组合导航系统为火箭弹制导过程提供实际测量参数信息，其中可为滚转稳定控制提供实时的姿态、角速率信息，为速度矢量控制提供实际弹道倾角、实际速度信息，为比例导引控制提供弹体实际速度和位置信息。

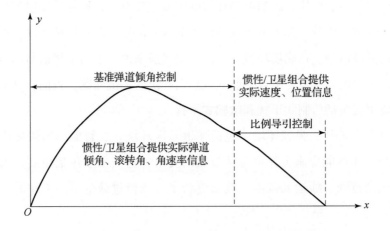

图 1-6   惯性/卫星组合制导火箭弹典型弹道方案

弹道模型是描述制导火箭弹空间运动的基础,一般弹道运动变化规律满足以下方程组。

$$\begin{cases} m\dfrac{\mathrm{d}V}{\mathrm{d}t} = P\cos\alpha\cos\beta - X - mg\sin\theta \\[2mm] mV\dfrac{\mathrm{d}\theta}{\mathrm{d}t} = P(\sin\alpha\cos\gamma_v + \cos\alpha\sin\beta\sin\gamma_v) + Y\cos\gamma_v - Z\sin\gamma_v - mg\cos\theta \\[2mm] -mV\cos\theta\dfrac{\mathrm{d}\sigma}{\mathrm{d}t} = P(\sin\alpha\sin\gamma_v - \cos\alpha\sin\beta\cos\gamma_v) + Y\sin\gamma_v + Z\cos\gamma_v \\[2mm] J_x\dfrac{\mathrm{d}\omega_x}{\mathrm{d}t} + (J_z - J_y)\omega_z\omega_y = M_x \\[2mm] J_y\dfrac{\mathrm{d}\omega_y}{\mathrm{d}t} + (J_x - J_z)\omega_x\omega_z = M_y \\[2mm] J_z\dfrac{\mathrm{d}\omega_z}{\mathrm{d}t} + (J_y - J_x)\omega_y\omega_x = M_z \\[2mm] \dfrac{\mathrm{d}x}{\mathrm{d}t} = V\cos\theta\cos\sigma \, ; \, \dfrac{\mathrm{d}y}{\mathrm{d}t} = V\sin\theta \, ; \, \dfrac{\mathrm{d}z}{\mathrm{d}t} = -V\cos\theta\sin\sigma \\[2mm] \dfrac{\mathrm{d}\varphi}{\mathrm{d}t} = \omega_y\sin\gamma + \omega_z\cos\gamma \\[2mm] \dfrac{\mathrm{d}\psi}{\mathrm{d}t} = (\omega_y\cos\gamma - \omega_z\sin\gamma)/\cos\varphi \\[2mm] \dfrac{\mathrm{d}\gamma}{\mathrm{d}t} = \omega_x - \tan\varphi(\omega_y\cos\gamma - \omega_z\sin\gamma) \\[2mm] \dfrac{\mathrm{d}m}{\mathrm{d}t} = -m_c \\[2mm] \sin\beta = \cos\theta[\cos\gamma\sin(\psi - \sigma) + \sin\varphi\sin\gamma\cos(\psi - \sigma)] - \sin\theta\cos\varphi\sin\gamma \\[2mm] \sin\alpha = \{\cos\theta[\sin\varphi\cos\gamma\cos(\psi - \sigma) - \sin\gamma\sin(\psi - \sigma)] - \sin\theta\cos\varphi\cos\gamma\}/\cos\beta \\[2mm] \sin\gamma_v = (\cos\alpha\sin\beta\sin\varphi - \sin\alpha\sin\beta\cos\varphi + \cos\beta\sin\gamma\cos\varphi)/\cos\theta \\[2mm] \phi_1 = 0 \, ; \, \phi_2 = 0 \, ; \, \phi_3 = 0 \, ; \, \phi_4 = 0 \end{cases}$$

$$\text{(1)}$$

上述方程组依次描述的是制导火箭弹质心运动的动力学方程、绕质心转动的动力学方程、质心运动的运动学方程、绕质心转动的运动学方程、质量变化方程、几何关系方程、控制关系方程。方程组相应的推导过程、各参数含义在相关文献中可以查阅，本书不再一一推导。在组合导航评估研究中，不考虑控制部分的误差，因此在理论和仿真研究阶段，将制导火箭弹弹道模型作为基准参考信息，评估组合导航系统的指标性能。在实际测试研究阶段，将设定值或外部高精度设备测量值作为基准参考信息，评估组合导航系统实际测量指标性能。

1.3.2　环境模型

（1）温度环境模型

在弹药发射和飞行过程中，组合导航模块的工作环境受到制导弹药弹道特性、气动环境、安装位置、隔热处理措施等条件的影响，导致组合导航系统的温度不断变化。在组合导航系统温度环境建模过程中，通常会对工作温度进行分段处理，每个阶段的温度变化遵循相应的趋势约束函数，具体的分段形式需要结合仿真计算结果、实测试验数据以及经验数据等综合考量确定。

设组合导航模块在起始时刻 t_0 的工作温度为 T_0，工作结束时刻 t_n 的工作温度为 T_n；将温度变化过程分为 n 段，第 n 段温度变化遵循的时间－温度约束函数为 $f_{n-1}^n(t_{n-1,n})$，则相应的温度模型可表示为

$$T_n = T_{n-1} + f_{n-1}^n(t_{n-1,n}) \quad (n=1,2,\cdots,n-1,n) \tag{2}$$

对趋势变化规律一定的温度段，约束函数按线性化处理，可表示为

$$f_{n-1}^n(t_{n-1,n}) = \frac{T_n - T_{n-1}}{t_n - t_{n-1}} \quad (n=1,2,\cdots,n-1,n) \tag{3}$$

（2）振动环境模型

在组合导航系统工作过程中，弹体振动环境对其性能会产生显著影响，而振动环境特征则与弹体结构、发动机工作特性、组合导航模块安装位置等因素有关。在时域分析中，通常将复杂的振动信号分解为若干简单的振动信号，在研究中可认为振动信号主要由稳态振动分量和交变振动分量组成。其中，稳态振动分量是一种有规律变化的趋势量，交变振动分量包含了所研究物理过程的幅值、频率、相位信息，它也可能是随机的干扰噪声。

设振动环境的稳态分量为 $x_d(t)$，交变分量为 $x_a(t)$，则振动环境模型可表示为

$$x(t) = x_d(t) + x_a(t) \tag{4}$$

为了对振动环境进行针对性研究，可根据弹载飞行环境特性，将工作飞行段进行分段处理。如可将工作飞行段分为发射段、有动力飞行阶段、无动力飞行阶段；有时也可分为爬升段、转平飞段、平飞段、下降段，每个阶段遵循一定的振动约束函数。设弹载振动环境根据时序变化分为 m 个阶段，则相应的振动环境模型可表示为

$$\begin{cases} x_1(t) = x_{d1}(t) + x_{a1}(t) \\ x_2(t) = x_{d2}(t) + x_{a2}(t) \\ \qquad\qquad \vdots \\ x_m(t) = x_{dm}(t) + x_{am}(t) \end{cases} \tag{5}$$

在研究过程中，有时可将各阶段振动环境简化为不同振幅和频率的简谐振动，第 i 阶段的简谐振动模型可表示为

$$x_i(t) = A_i \sin(\omega_i t + \varphi_i) \quad (i = 1, 2, \cdots, m) \tag{6}$$

式中，A_i 表示第 i 阶段简谐振动的振幅大小；ω_i 为简谐振动角频率；φ_i 为简谐振动初始相位。

（3）电磁环境模型

惯性/卫星组合导航系统在弹载环境下必须能够正常接收 GNSS 卫星信号，以确保其正常工作。在实际的电磁环境中，除了正常卫星信号外，还会存在其他电磁信号源产生的信号，如雷达干扰信号、模拟卫星诱骗信号等。

①GNSS 电磁环境模型。

GPS 向用户发射的卫星信号包括载波、测距码和数据码。载波的作用是搭载被调制的信号，其中 L1 载波上搭载了 C/A 码和 P 码，L2 载波上搭载了 P 码，L5 载波上搭载了 I5 码和 Q5 码。一般工程应用中主要采用 L1 载波信息，载波频率为 1 575.42 MHz，波长为 19.03 cm，相应的载波信息满足以下数学模型

$$S_{L1}(t) = A_P P_i(t) D_i(t) \cos(\omega_1 t + \varphi_{1i}) + A_C C_i(t) D_i(t) \sin(\omega_1 t + \varphi_{1i}) \tag{7}$$

式中，A_P 为 L1 载波上 P 码的振幅；A_C 为 L1 载波上 C/A 码的振幅；$P_i(t)$ 为第 i 颗卫星发送的 P 码；$C_i(t)$ 为第 i 颗卫星发送的 C/A 码；$D_i(t)$ 为第 i 颗卫星发送的导航电文（数据码）；ω_1、φ_{1i} 为 L1 载波的角频率和初始相位。

北斗卫星导航系统主要包含 B1、B2、B3 三个载波信号，B1、B2 载波信号

由 I、Q 两个支路的"测距码 + 数据码"正交搭载在载波上。B1 信号的标称载波频率为 1 561.098 MHz，B2 信号的标称载波频率为 1 207.140 MHz。测距码的码速率为 2.046 Mb/s，码长为 2 046。B1、B2 信号中 I、Q 支路的 4 路测距码相位差随机抖动小于 1 ns(1σ)。B1I、B2I 信号载波与其载波上所调制的测距码间起始相位差随机抖动小于 3°(1σ)。I、Q 支路载波相位调制正交性小于 5°(1σ)。

B1、B2 两种信号数学模型描述如下

$$\begin{cases} S_{B1}(t) = A_{B1I}C_{B1I}(t)D_{B1I}(t)\cos(2\pi f_1 t + \varphi_{B1I}) + A_{B1Q}C_{B1Q}(t)D_{B1Q}(t)\sin(2\pi f_1 t + \varphi_{B1Q}) \\ S_{B2}(t) = A_{B2I}C_{B2I}(t)D_{B2I}(t)\cos(2\pi f_2 t + \varphi_{B2I}) + A_{B2Q}C_{B2Q}(t)D_{B2Q}(t)\sin(2\pi f_2 t + \varphi_{B2Q}) \end{cases}$$

$$(8)$$

式中，A_{B1I}、A_{B1Q}、A_{B2I}、A_{B2Q} 分别表示 B1I 信号、B1Q 信号、B2I 信号和 B2Q 信号的振幅；$C_{B1I}(t)$、$C_{B1Q}(t)$、$C_{B2I}(t)$ 和 $C_{B2Q}(t)$ 分别表示测距码；$D_{B1I}(t)$、$D_{B1Q}(t)$、$D_{B2I}(t)$ 和 $D_{B2Q}(t)$ 分别表示数据码（导航电文）；f_1 和 f_2 分别表示载波频率；φ_{B1I}、φ_{B1Q}、φ_{B2I} 和 φ_{B2Q} 分别表示载波初始相位。

②电磁干扰环境模型。

惯性/卫星组合导航系统在工作过程中可能受到战场雷达信号或模拟卫星诱骗信号的干扰。其中，模拟卫星诱骗信号遵循 GNSS 电磁信号变化规律，其产生的模型与 GNSS 电磁环境模型一致。

雷达信号 $s(t)$ 可用数学模型描述为

$$s(t) = \begin{cases} [E_0 + \varepsilon(t)]\cos[2\pi f_c t + \varphi(t) + \varphi_0], t \in [t_0 + nT_r + \Delta t_0, t_0 + nT_r + \Delta t_0 + \tau + \Delta\tau] \\ 0, t \notin [t_0 + nT_r + \Delta t_0, t_0 + nT_r + \Delta t_0 + \tau + \Delta\tau] \end{cases}$$

$$(9)$$

式中，E_0 是等幅射频信号振幅；$\varepsilon(t)$ 为叠加在 E_0 上的不稳定量；f_c 为射频载波频率；φ_0 为信号的初始相位；Δt_0 为脉冲信号起始时间的不稳定量；τ 为脉冲宽度；T_r 为脉冲重复周期；$\Delta\tau$ 为脉冲信号宽度的不稳定量。

雷达信号的瞬时频率 f 可表示为

$$f = \frac{d}{dt}[2\pi f_0 t + \varphi(t) + \varphi_0] = 2\pi f_0 + \dot{\varphi}(t) \tag{10}$$

式中，$\varphi(t)$ 为相位的不稳定量；$\dot{\varphi}(t)$ 为频率的不稳定量。

第**2**章

弹载环境下组合导航技术评估指标体系研究

在弹载环境下进行组合导航技术评估的指标体系，是评估该技术在弹载环境下综合性能的重要依据。基于对智能弹药和导弹弹载环境特性的分析，根据弹载环境下组合导航各参数的变化特性及相互影响关系，可构建器件和系统两级误差评价体系。器件级误差评估体系重点研究惯性器件的零位误差、标度因数误差、安装误差、噪声和环境适应性指标；系统级误差评估体系则重点研究组合导航系统在弹载环境条件下的位置精度、速度精度和姿态精度等性能指标。

■ 2.1 指标体系总体构建方案

根据智能弹药导弹的飞行环境特点，结合仿真计算获得弹载环境约束条件、飞行弹道指标约束条件、制导控制指标约束条件，确定惯性/卫星组合导航技术在弹载环境约束条件下应达到的总体指标。利用组合导航技术仿真平台，以总体技术指标为边界约束，研究综合约束条件下惯性导航和卫星导航主要参数的范围边界。

弹载环境下组合导航技术指标体系构建方案如图 2－1 所示。在确定组合导航系统总体技术指标要求的基础上，拟深入分析各环境因素对系统性能的影响，研究在弹载环境下系统级指标的分解和优化方法。在特定的弹载环境约束条件下，研究各分项指标对总体技术指标的贡献关系，并据此确定各分项指标的边界约束范围及优化组合原则。在不同弹载环境条件下，研究环境条件变化对各分项指标的影响规律，综合考虑环境条件变化与各分项指标变化之间的关系，以及各分项指标对总体指标的贡献比例，制定不同弹载环境条件下各分项指标范围的选取原则。

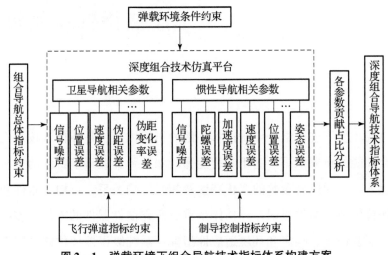

图 2 – 1　弹载环境下组合导航技术指标体系构建方案

■ 2.2　评估环境条件约束参量构建

组合导航试验评估的环境条件约束主要包括弹载环境条件、弹道约束条件、制导控制约束条件。综合以上环境条件约束可形成组合导航系统总体指标约束。其中，弹载环境条件主要包括温度环境、振动环境、电磁环境等；弹道约束条件主要包括初始状态、飞行时间、线速度、角速度、线加速度、角加速度、射程等；制导控制约束条件主要包括制导控制位置精度、制导控制速度精度、制导控制姿态精度、过载控制能力等；组合导航系统总体指标主要包括惯组性能、卫星接收机性能、组合导航系统性能、数据更新率、环境适应性、抗干扰性能等。上述约束条件间的关系如图 2 – 2 所示。

温度环境直接决定了组合导航系统及各部组件的工作温度范围，而温度变化率直接影响着惯组的输出性能。振动环境主要影响惯组的信号输出性能，同

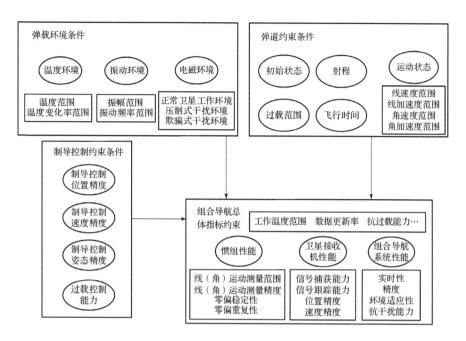

图 2-2　组合导航试验评估环境条件关系图

时影响组合导航系统的环境适应性和滤波抗噪能力。电磁环境主要影响卫星接收机的信号捕获和跟踪能力，其中电磁干扰环境主要考验组合导航系统的抗干扰能力。

在弹道约束条件中，初始状态和过载范围影响着组合导航系统及各部组件抗过载能力的选择。结合制导控制精度指标要求，射程和飞行时间主要影响着组合导航系统的数据更新率、导航输出精度、惯组测量精度的选择。在运动状态中，线运动和角运动的状态范围，影响着惯组可测量的线运动、角运动范围，同时也影响着卫星接收机动态性能的选择。

在制导控制约束条件中，制导控制位置、速度和姿态精度影响着组合导航系统及其分系统精度指标的确定。考虑到控制误差的影响，通常要求组合导航精度指标优于制导控制对应的精度指标。制导控制系统的过载控制能力指标主要包括可用过载大小和过载控制响应时间等。可用过载大小影响着组合导航及分系统测量范围的选择；一般在闭环控制条件下，过载控制响应时间会影响组合导航及分系统数据更新率和实时性的选择。

以制导火箭弹为例，结合工程经验，构建评估环境条件典型约束参量，见表 2 - 1。

表 2 - 1　评估环境条件典型约束参量

环境条件	工作时间	温度	温度变化率	射程	线速度	角速度	线加速度	角加速度
约束范围	$[t_{\min}, t_{\max}]$	$[T_{\min}, T_{\max}]$	$[\mathrm{d}T_{\min}, \mathrm{d}T_{\max}]$	$[s_{\min}, s_{\max}]$	$[v_{\min}, v_{\max}]$	$[\omega_{\min}, \omega_{\max}]$	$[a_{\min}, a_{\max}]$	$[\lambda_{\min}, \lambda_{\max}]$

对于采用惯性／卫星组合导航方式的制导火箭弹，组合导航主要提供制导所需的位置、速度和姿态信息。一般情况下，组合导航的精度指标控制在制导精度指标的一半以内。在确定精度指标的基础上，工作时间越长，对 IMU 的精度性能要求越高；在工作时间和精度指标一定时，射程越远，对 IMU 数据更新率要求越高。温度和温度变化率范围主要考核 IMU 的温度补偿能力。线速度和线加速度范围主要考核加速度计的性能，一般线加速度范围越大，要求加速度计的量程越大、性能越高。角速度和角加速度范围主要考核陀螺仪性能，一般角速度范围越大，要求陀螺仪的量程越大、性能越高。线运动和角运动范围可考核卫星接收机的信号捕获和跟踪性能。

2.3　组合导航系统评价指标体系构建

根据误差参数分析，参考《机械惯性 - GNSS 组合导航系统通用规范》（GJB 5298—2004）等相关文件，采用专家调研法建立了组合导航系统评价指标体系。通过广泛征求行业内专家的意见，明确与各因素相关的指标；通过广泛的讨论，对指标进行筛选；遵循指标体系构建的一般原则，优化指标体系的层次和结构，最终得到较为全面、客观的组合导航系统评价指标体系。在建立该指标体系时，从组合导航系统的战术使用角度出发，分别评估了导航精度、环境适应能力、实时性、抗干扰能力等方面，最终完成系统总体性能评估。组合导航系统评价指标体系如图 2 - 3 所示。

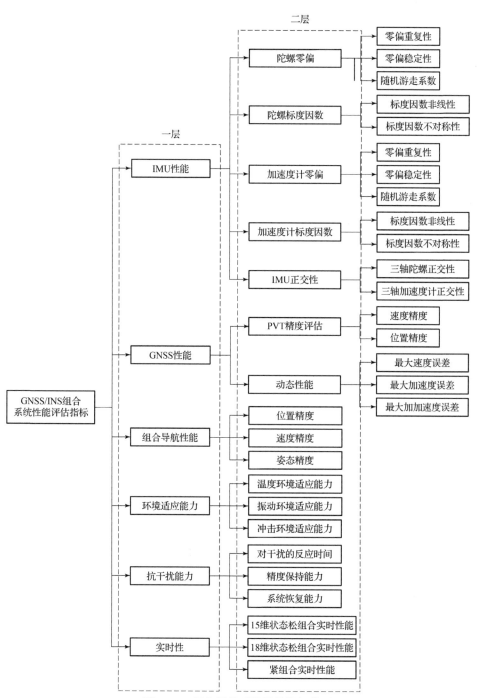

图 2-3 组合导航系统评价指标体系

第**3**章

弹载环境下组合导航系统建模方法研究

开展组合导航系统误差机理研究，从理论上分析器件误差和系统误差形成的原因，重点研究组合导航系统与弹载环境条件的相关性，以及弹载环境条件对组合导航系统误差产生的影响机制。同时，开展弹载环境组合导航系统误差建模方法研究，通过地面实验模拟弹载环境条件，分析组合导航系统误差数据，建立器件和系统误差模型。在此基础上，开展系统误差模型参数辨识方法研究，采用系统误差辨识技术，确定组合导航系统器件、外部辅助传感器和系统误差模型的参数，建立与弹载环境相关的误差模型。

■ 3.1 弹载环境下组合导航系统误差建模方案

组合导航系统误差包括惯性传感器误差、惯性测量单元（IMU）误差、外部辅助传感器误差和与弹载环境相关的误差。其中，惯性传感器误差、惯性测量单元（IMU）误差、外部辅助传感器误差称为系统误差，包括常值误差和随机误差；与弹载环境相关的误差则称为环境误差。系统误差组成见表 3 – 1。

表 3 – 1　组合导航系统误差组成

误差级别	误差	误差项	误差类型	环境因素
加速度通道	偏置误差	偏置	常值误差	不受环境影响
		偏置重复性	随机误差	
		趋势项		

续表

误差级别	误差	误差项	误差类型	环境因素
加速度通道	标度因数误差	标度因数	常值误差	不受环境影响
		重复性	随机误差	
		非对称性		
		非线性度		
	噪声	相关噪声	随机误差	不受环境影响
		白噪声		
	过载误差	g^2 敏感误差	环境误差	过载和交叉过载
		g^3 敏感误差		
	振动误差	线振动误差	环境误差	线振动
	温度误差	温度敏感误差	环境误差	温度
		热瞬态误差		温度梯度
角速度通道	偏置误差	偏置	常值误差	不受环境影响
		偏置重复性	随机误差	
		趋势项		
	标度因数误差	标度因数	常值误差	不受环境影响
		重复性	随机误差	
		非对称性		
		非线性度		
		标度因数趋势项		
		标度因数相关噪声		
	噪声	相关噪声	随机误差	不受环境影响
		白噪声		
	过载误差	g 敏感误差	环境误差	过载和交叉过载
		g^2 敏感误差		

续表

误差级别	误差	误差项	误差类型	环境因素
角速度通道	振动误差	线振动误差	环境误差	线振动
	温度误差	温度敏感误差	环境误差	温度
		热瞬态误差		温度梯度
惯性测量组合	安装误差	失准角误差	常值误差	温度
组合导航误差	系统误差	卡尔曼滤波器参数误差	随机误差	不受环境影响

不同类型的组合导航系统由于其工作原理不同,其系统误差和对弹载环境的模型也各不相同。根据系统的类型,需要选择相应的系统误差项和适合的环境模型来建立组合导航系统的评估误差模型。弹载环境模型是用于描述实际飞行弹载环境条件的数学模型,对温度、振动、过载、冲击、低气压等弹载环境条件进行模拟。仿真过程中,通过模拟实际弹载环境条件,激励组合导航系统与环境相关的误差模型。常见的组合导航系统敏感弹载环境条件见表3-2。

表3-2　组合导航系统敏感弹载环境条件

环境类别	环境条件	实验设备
力学环境	线性振动	线性振动台
	冲击	冲击台
温度环境	环境温度	温箱
	温度梯度	温冲箱

组合导航系统的误差模型性能、误差标定和误差分布直接影响智能弹药的总体性能。组合导航系统常值误差由系统的特性决定,不随时间和外部环境条件改变,是系统固有的特性;而系统随机误差则由制造过程、材料的变化以及电子器件的噪声所引起。不同的组合导航系统具有各自独特的系统误差特性,系统误差模型建模方案如图3-1所示。

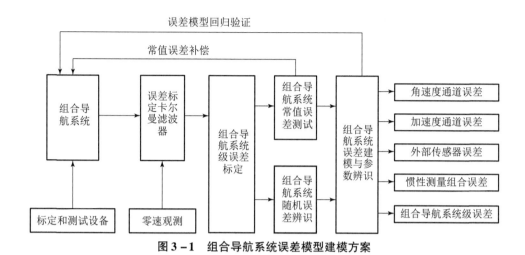

图 3 - 1　组合导航系统误差模型建模方案

系统误差的建模采用系统级误差标定技术。组合导航系统处于导航模式，标定和测试设备按照特性的运行轨迹，激发组合系统的误差。误差标定卡尔曼滤波器以零速作为外部参考信息基准，对组合导航系统的误差进行估计，对得到的常值误差进行补偿。经过多次估计和补偿的迭代，系统的常值误差测试完成。对多次迭代的结果进行时域和频域的统计分析，得到随机误差的统计特性参数。将常值和随机误差输入到组合导航系统误差建模与参数辨识模块中，得到系统误差模型。将模型反馈到组合导航系统进行回归，验证模型的准确性。

不同类型的惯性和外部传感器对环境条件的敏感性也不同。根据传感器类型及所应用的弹载环境条件，按照表 3 - 1 和表 3 - 2 中的误差项和环境条件，构建组合导航系统的环境误差模型。建模过程如图 3 - 2 所示。

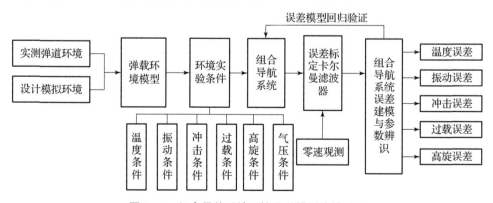

图 3 - 2　组合导航系统环境误差模型建模过程

　　根据建模环境条件，选择不同的弹载环境设备，模拟弹载环境激励系统的环境误差。根据测试中得到的误差项，选择相应的误差测试设备来激发器件的某项误差，利用卡尔曼滤波零速参考误差辨识技术，进行误差的分离和识别，从而建立组合导航系统与环境相关的误差模型。

3.2　弹载环境下系统误差建模

3.2.1　惯性/卫星松组合导航系统误差建模

（1）杆臂误差模型

　　惯性导航一般以惯组的几何中心作为导航定位或测速的参考基准，而卫星导航则以接收机天线的相位中心作为参考基准。在实际运载体中，同时使用两种甚至多种导航系统时，它们的安装位置往往会存在一定的偏差。为了有效比对和融合多种导航系统的信息，必须进行导航信息的转换，以便在统一的参考基准下进行表示。

　　如图 3 - 3 所示，假设惯组相对于地心 O_e 的矢量为 $\boldsymbol{R}$，卫星接收机天线相位中心相对于地心的矢量为 $\boldsymbol{r}$，天线相位中心相对于惯组的矢量为 $\boldsymbol{\delta l}$，三者之间的矢量关系满足

$$\boldsymbol{r} = \boldsymbol{R} + \boldsymbol{\delta l} \tag{11}$$

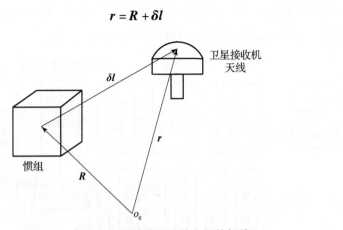

图 3 - 3　惯组与卫星接收机天线之间的杆臂

设 e 代表地球坐标系，i 代表惯性坐标系，b 代表惯组（载体）坐标系，n 代表导航坐标系，c 代表方向余弦矩阵，选 E – N – u 为导航坐标系（E 为东向，N 为北向，u 为天向）。

考虑到天线和惯组之间的安装位置一般相对固定，即杆臂 $\boldsymbol{\delta l}$ 在惯组坐标系（b 系）下为常矢量，式（11）两边相对地球坐标系（e 系）求导，可得

$$
\begin{aligned}
\left.\frac{\mathrm{d}\boldsymbol{r}}{\mathrm{d}t}\right|_{e} &= \left.\frac{\mathrm{d}\boldsymbol{R}}{\mathrm{d}t}\right|_{e} + \left.\frac{\mathrm{d}(\boldsymbol{\delta l})}{\mathrm{d}t}\right|_{e} \\
&= \left.\frac{\mathrm{d}\boldsymbol{R}}{\mathrm{d}t}\right|_{e} + \left.\frac{\mathrm{d}(\boldsymbol{\delta l})}{\mathrm{d}t}\right|_{b} + \boldsymbol{\omega}_{eb} \times \boldsymbol{\delta l} \\
&= \left.\frac{\mathrm{d}\boldsymbol{R}}{\mathrm{d}t}\right|_{e} + \boldsymbol{\omega}_{eb} \times \boldsymbol{\delta l}
\end{aligned}
\tag{12}
$$

其中，记 $\boldsymbol{v}_{en(INS)} = \left.\dfrac{\mathrm{d}\boldsymbol{R}}{\mathrm{d}t}\right|_{e}$ 为惯导的地速；$\boldsymbol{v}_{en(GNSS)} = \left.\dfrac{\mathrm{d}\boldsymbol{r}}{\mathrm{d}t}\right|_{e}$ 为卫星天线的地速。

理论上，由于存在杆臂距离，两种地速所定义的导航坐标系（惯组导航坐标系和天线导航坐标系）是不同的，然而，杆臂长度一般在米量级（甚至更小），因此两种导航坐标系之间的角度差别非常微小，可以近似认为它们是相互平行的。将式（11）投影至惯组导航坐标系，得

$$
\boldsymbol{v}_{GNSS}^{n} = \boldsymbol{v}_{INS}^{n} + \boldsymbol{C}_{b}^{n}(\boldsymbol{\omega}_{eb}^{b} \times \boldsymbol{\delta l}^{b})
\tag{13}
$$

上式中，省略了速度下标"en"，在实际应用中，由于 $\boldsymbol{\omega}_{ie}$ 和 $\boldsymbol{\omega}_{en}$ 的影响很小，还可作近似 $\boldsymbol{\omega}_{eb}^{b} \approx \boldsymbol{\omega}_{ib}^{b}$ 或者 $\boldsymbol{\omega}_{eb}^{b} \approx \boldsymbol{\omega}_{nb}^{b}$。将惯导与卫星之间的速度误差定义为杆臂速度误差，即有

$$
\boldsymbol{\delta v}_{L}^{n} = \boldsymbol{v}_{INS}^{n} - \boldsymbol{v}_{GNSS}^{n} = -\boldsymbol{C}_{b}^{n}(\boldsymbol{\omega}_{eb}^{b} \times \boldsymbol{\delta l}^{b}) = -\boldsymbol{C}_{b}^{n}(\boldsymbol{\omega}_{eb}^{b} \times)\boldsymbol{\delta l}^{b}
\tag{14}
$$

若记

$$
\boldsymbol{\delta l}^{n} = \begin{bmatrix} \delta l_{E} & \delta l_{N} & \delta l_{U} \end{bmatrix}^{T} = \boldsymbol{C}_{b}^{n}\boldsymbol{\delta l}^{b}
\tag{15}
$$

则惯导与卫星天线之间的地理位置偏差近似满足如下关系

$$
\begin{cases}
L_{INS} - L_{GNSS} = -\delta l_{N}/R_{Mh} \\
\lambda_{INS} - \lambda_{GNSS} = -\delta l_{E}\sec L/R_{Nh} \\
h_{INS} - h_{GNSS} = -\delta l_{U}
\end{cases}
\tag{16}
$$

由式（15）和式（16）可计算得出卫星与惯导之间的杆臂位置误差矢量，即

$$\delta p_{GL} = p_{INS} - p_{GNSS} = -M_{pv}C_b^n\delta l^b \tag{17}$$

其中，$p_{GNSS} = \begin{bmatrix} L_{GNSS} & \lambda_{GNSS} & h_{GNSS} \end{bmatrix}^T$；$p_{INS} = \begin{bmatrix} L_{INS} & \lambda_{INS} & h_{INS} \end{bmatrix}^T$。

（2）松组合状态和量测方程构建

15 维松组合选取的误差状态有：速度误差 $\delta V = \begin{bmatrix} \delta V_E & \delta V_N & \delta V_U \end{bmatrix}^T$，姿态误差 $\phi = \begin{bmatrix} \phi_x & \phi_y & \phi_z \end{bmatrix}^T$，位置误差 $\delta p = \begin{bmatrix} \delta L & \delta \lambda & \delta h \end{bmatrix}^T$，陀螺漂移 $\varepsilon = \begin{bmatrix} \varepsilon_x & \varepsilon_y & \varepsilon_z \end{bmatrix}^T$，加速度计零偏 $\nabla = \begin{bmatrix} \nabla_x & \nabla_y & \nabla_z \end{bmatrix}^T$。

$$X = \begin{bmatrix} \phi & \delta V & \delta p & \varepsilon & \nabla \end{bmatrix} \tag{18}$$

综上所述，可以写出惯导/GNSS 组合导航系统的状态方程（矩阵形式）

$$\begin{bmatrix} \dot{\varphi} \\ \delta\dot{V} \\ \delta\dot{p} \\ \dot{\varepsilon} \\ \dot{\nabla} \end{bmatrix} = \begin{bmatrix} M_{aa} & M_{av} & M_{ap} & -ins.Cnb & 0_{3\times3} \\ M_{va} & M_{vv} & M_{vp} & 0_{3\times3} & ins.Cnb \\ 0_{3\times3} & M_{pv} & M_{pp} & 0_{3\times3} & 0_{3\times3} \\ 0_{6\times9} & 0 & 0 & 0 & 0 \end{bmatrix} \begin{bmatrix} \phi \\ \delta V \\ \delta p \\ \varepsilon \\ \nabla \end{bmatrix} + G \begin{bmatrix} w_\phi \\ w_v \\ 0_{3\times1} \\ 0_{3\times1} \\ 0_{3\times1} \end{bmatrix} \tag{19}$$

其中

$$M_{aa} = (-\omega_{in}^n \times) \tag{20}$$

$$M_{av} = \begin{bmatrix} 0 & -1/R_{Mh} & 0 \\ 1/R_{Nh} & 0 & 0 \\ \tan L/R_{Nh} & 0 & 0 \end{bmatrix} \tag{21}$$

$$M_{ap} = M_1 + M_2 \tag{22}$$

$$M_{va} = (f_{sf}^n \times) \tag{23}$$

$$M_{vv} = (v^n \times)M_{av} - \begin{bmatrix} (2\omega_{ie}^n + \omega_{en}^n) \times \end{bmatrix} \tag{24}$$

$$M_{vp} = (v^n \times)(2M_1 + M_2) + M_3 \tag{25}$$

$$M_{pv} = \begin{bmatrix} 0 & 1/R_{Mh} & 0 \\ \sec L/R_{Nh} & 0 & 0 \\ 0 & 0 & 1 \end{bmatrix} \tag{26}$$

$$M_{pp} = \begin{bmatrix} 0 & 0 & -v_N^n/R_{Mh}^2 \\ v_E^n\sec L\tan L/R_{Nh} & 0 & -v_E^n\sec L/R_{Nh}^2 \\ 0 & 0 & 0 \end{bmatrix} \tag{27}$$

$$G = \begin{bmatrix} C_b^n & 0_{3\times3} & 0_{3\times3} & 0_{3\times3} & 0_{3\times3} \\ 0_{3\times3} & C_b^n & 0_{3\times3} & 0_{3\times3} & 0_{3\times3} \\ 0_{3\times3} & 0_{3\times3} & 0_{3\times3} & 0_{3\times3} & 0_{3\times3} \\ 0_{3\times3} & 0_{3\times3} & 0_{3\times3} & 0_{3\times3} & 0_{3\times3} \\ 0_{3\times3} & 0_{3\times3} & 0_{3\times3} & 0_{3\times3} & 0_{3\times3} \end{bmatrix} \tag{28}$$

以速度和位置误差作为观测量的惯导/卫导 15 维松组合对应的量测方程为

$$Z = \begin{bmatrix} p_{\text{INS}} - p_{\text{GNSS}} \\ V_{\text{INS}} - V_{\text{GNSS}} \end{bmatrix} = HX + v \tag{29}$$

式中，v 表示量测噪声。

$$H = \begin{bmatrix} 0_{3\times3} & I_{3\times3} & 0_{3\times3} & 0_{3\times3} & 0_{3\times3} \\ 0_{3\times3} & 0_{3\times3} & I_{3\times3} & 0_{3\times3} & 0_{3\times3} \end{bmatrix} \tag{30}$$

18 维松组合选取的误差状态有：速度误差 $\delta V = \begin{bmatrix} \delta V_E & \delta V_N & \delta V_U \end{bmatrix}^T$，姿态误差 $\phi = \begin{bmatrix} \phi_x & \phi_y & \phi_z \end{bmatrix}^T$，位置误差 $\delta p = \begin{bmatrix} \delta L & \delta\lambda & \delta h \end{bmatrix}^T$，陀螺漂移 $\varepsilon = \begin{bmatrix} \varepsilon_x & \varepsilon_y & \varepsilon_z \end{bmatrix}^T$，加速度计零偏 $\nabla = \begin{bmatrix} \nabla_x & \nabla_y & \nabla_z \end{bmatrix}^T$，杆臂 $\delta l = \begin{bmatrix} \delta l_x & \delta l_y & \delta l_z \end{bmatrix}^T$。

$$X = \begin{bmatrix} \phi & \delta V & \delta p & \varepsilon & \nabla & \delta l^b \end{bmatrix} \tag{31}$$

$$F = \begin{bmatrix} M_{aa} & M_{av} & M_{ap} & -C_b^n & 0_{3\times3} & 0_{3\times4} \\ M_{va} & M_{vv} & M_{vp} & 0_{3\times3} & C_b^n & 0_{3\times4} \\ 0_{3\times3} & M_{pv} & M_{pp} & 0_{3\times3} & 0_{3\times3} & 0_{3\times4} \\ & & 0_{9\times18} & & & \end{bmatrix},\ G = \begin{bmatrix} -C_b^n & 0_{3\times3} \\ 0_{3\times3} & C_b^n \\ 0_{12\times6} \end{bmatrix},\ W^b = \begin{bmatrix} W_g^b \\ W_a^b \end{bmatrix}$$
$$\tag{32}$$

以速度和位置误差作为观测量的惯导/卫导 18 维松组合对应的量测方程为

$$H = \begin{bmatrix} 0_{3\times3} & I_{3\times3} & 0_{3\times3} & 0_{3\times3} & 0_{3\times3} & -C_b^n(\omega_{eb}^b\times) \\ 0_{3\times3} & 0_{3\times3} & I_{3\times3} & 0_{3\times3} & 0_{3\times3} & -M_{pv}C_b^n \end{bmatrix} \tag{33}$$

3.2.2　惯性／卫星紧组合导航系统误差建模

紧组合系统的状态方程相比于松组合系统增加了接收机延迟引起的伪距误差 b_ρ 和接收机延迟引起的伪距率误差 $b_{\dot\rho}$。

选取的误差状态有：速度误差 $\boldsymbol{\delta V} = \begin{bmatrix} \delta V_E & \delta V_N & \delta V_U \end{bmatrix}^{\mathrm{T}}$，姿态误差 $\boldsymbol{\phi} = \begin{bmatrix} \phi_x & \phi_y & \phi_z \end{bmatrix}^{\mathrm{T}}$，位置误差 $\boldsymbol{\delta p} = \begin{bmatrix} \delta L & \delta\lambda & \delta h \end{bmatrix}^{\mathrm{T}}$，陀螺漂移 $\boldsymbol{\varepsilon} = \begin{bmatrix} \varepsilon_x & \varepsilon_y & \varepsilon_z \end{bmatrix}^{\mathrm{T}}$，加速度计零偏 $\nabla = \begin{bmatrix} \nabla_x & \nabla_y & \nabla_z \end{bmatrix}^{\mathrm{T}}$，杆臂 $\boldsymbol{\delta l} = \begin{bmatrix} \delta l_x & \delta l_y & \delta l_z \end{bmatrix}^{\mathrm{T}}$，接收机延迟引起伪距误差 b_ρ 和接收机延迟引起的伪距率误差 $b_{\dot\rho}$。

$$\boldsymbol{X} = \begin{bmatrix} \boldsymbol{\phi} & \boldsymbol{\delta V} & \boldsymbol{\delta p} & \boldsymbol{\varepsilon} & \nabla & \boldsymbol{\delta l} & b_\rho & b_{\dot\rho} \end{bmatrix} \tag{34}$$

（1）GNSS 伪距量测方程

$$\boldsymbol{Z}_\rho = \boldsymbol{H}_\rho \boldsymbol{X} + \boldsymbol{v}_\rho \tag{35}$$

选取 5 颗卫星，即 $i = 1,2,3,4,5$，将式（35）展开得

$$\delta\rho_i = l_i \mathrm{d}x + m_i \mathrm{d}y + n_i \mathrm{d}z - b_\rho - \begin{bmatrix} l_i & m_i & n_i \end{bmatrix} C_{\mathrm{n}}^{\mathrm{e}} C_{\mathrm{b}}^{\mathrm{n}} \boldsymbol{\delta l} \tag{36}$$

$$\boldsymbol{Z}_\rho = \begin{bmatrix} \delta\rho_1 \\ \delta\rho_2 \\ \delta\rho_3 \\ \delta\rho_4 \end{bmatrix} \tag{37}$$

式中，$\boldsymbol{l}$、$\boldsymbol{m}$、$\boldsymbol{n}$ 为惯导和卫星间的单位方向向量；δx、δy 和 δz 的表达式分别为

$$\begin{cases} \delta x = -(R+h)\cos\lambda\sin L\delta L - (R+h)\cos L\sin\lambda\delta\lambda + \cos L\cos\lambda\delta h \\ \delta y = -(R+h)\sin\lambda\sin L\delta L - (R+h)\cos\lambda\cos L\delta\lambda + \cos L\sin\lambda\delta h \\ \delta z = [R(1-e^2)+h]\cos L\delta L + \sin L\delta h \end{cases} \tag{38}$$

$C_{\mathrm{n}}^{\mathrm{e}}$ 为导航系转换到地球系的旋转矩阵。

（2）GNSS 伪距率量测方程

$$\boldsymbol{Z}_{\dot\rho} = \boldsymbol{H}_{\dot\rho} \boldsymbol{X} + \boldsymbol{v}_{\dot\rho} \tag{39}$$

选取 5 颗卫星，即 $i = 1, 2, 3, 4, 5$，将上式展开得

$$\delta\dot\rho_i = l_i \mathrm{d}\dot x + m_i \mathrm{d}\dot y + n_i \mathrm{d}\dot z - b_{\dot\rho} - \begin{bmatrix} l_i & m_i & n_i \end{bmatrix} C_{\mathrm{n}}^{\mathrm{e}} C_{\mathrm{b}}^{\mathrm{n}} (\omega_{\mathrm{eb}}^{\mathrm{b}} \times) \boldsymbol{\delta l} \tag{40}$$

$$Z_{\dot{\rho}} = \begin{bmatrix} \delta\dot{\rho}_1 \\ \delta\dot{\rho}_2 \\ \delta\dot{\rho}_3 \\ \delta\dot{\rho}_4 \end{bmatrix} \tag{41}$$

式中，$\delta\dot{x}$、$\delta\dot{y}$ 和 $\delta\dot{z}$ 的表达式为

$$\begin{bmatrix} \delta\dot{x} \\ \delta\dot{y} \\ \delta\dot{z} \end{bmatrix} = C_n^e \delta V \tag{42}$$

将伪距量测方程和伪距率量测方程合并，可以得到紧组合导航系统的量测方程为

$$Z = \begin{bmatrix} Z_\rho \\ Z_{\dot{\rho}} \end{bmatrix} = \begin{bmatrix} H_\rho \\ H_{\dot{\rho}} \end{bmatrix} X + v_\rho \tag{43}$$

$$H = \begin{bmatrix} H_1 C & \mathbf{0}_{5\times3} & \mathbf{0}_{5\times9} & -H_1 C_b^e & -I_{5\times1} & \mathbf{0}_{5\times1} \\ \mathbf{0}_{5\times3} & H_1 C_n^e & \mathbf{0}_{5\times9} & -H_1 C_b^e [\boldsymbol{\omega}_{eb}^b \times] & \mathbf{0}_{5\times1} & -I_{5\times1} \end{bmatrix} \tag{44}$$

式中

$$H_1 = \begin{bmatrix} l_1 & m_1 & n_1 \\ l_2 & m_2 & n_2 \\ l_3 & m_3 & n_3 \\ l_4 & m_4 & n_4 \\ l_5 & m_5 & n_5 \end{bmatrix} \tag{45}$$

$$C = \begin{bmatrix} -(R+h)\cos\lambda\sin L & -(R+h)\cos L\sin\lambda & \cos L\cos\lambda \\ -(R+h)\sin\lambda\sin L & -(R+h)\cos\lambda\cos L & \cos L\sin\lambda \\ [R(1-e^2)+h]\cos L & 0 & \sin L \end{bmatrix} \tag{46}$$

一般情况下，如果条件允许，应当对惯导和 GNSS 之间的杆臂误差进行精确测量并进行相应的补偿。这样有利于减少滤波计算量，不将它们列入滤波器状态，还能够防止杆臂状态估计不准而影响其他状态的估计效果。在实际应用中，如果杆臂误差难以精确测量或随时间变化，才推荐对其进行状态建模和滤波估

计，并且只有在适当机动的情况下，这些状态才是可观测的。

3.2.3　IMU 的误差模型构建

（1）陀螺零偏、加速度计零偏误差模型

陀螺零偏、加速度计零偏随温度变化近似呈线性关系。根据已知 T_0 温度下的陀螺零偏求任意温度下的陀螺零偏，可依据公式（47）进行计算。

$$BG(T) = a(T - T_0) + BG_0 \tag{47}$$

式中，$BG(T)$ 表示在温度点 T 处的陀螺零偏估算值；BG_0 表示在温度点 T_0 处的已知的陀螺零偏值；a 是定常系数，根据两个已知温度下的陀螺零偏值确定。

同样，加速度计零偏的温度误差补偿模型为

$$BA(T) = b(T - T_0) + BA_0 \tag{48}$$

式中，$BA(T)$ 表示在温度点 T 处的加速度计零偏估算值；BA_0 表示在温度点 T_0 处的已知的加速度计零偏值；b 是定常系数，根据两个已知温度下的加速度计零偏值确定。

（2）陀螺刻度因数、加速度计误差模型构建

陀螺标度因数 KG 与温度有关，在实际应用中取与温度呈一阶线性关系。设 T_0 温度处的标度因数为 KG_0，则陀螺在温度 T 处的标度因数为

$$KG(T) = c(T - T_0) + KG_0 \tag{49}$$

式中，$KG(T)$ 表示在温度点 T 处的陀螺标度因数值；c 是定常系数。

同样，加速度计标度因数的温度误差补偿模型为

$$KA(T) = d(T - T_0) + KA_0 \tag{50}$$

式中，$KA(T)$ 表示在温度点 T 处的加速度计标度因数估算值；KA_0 表示在温度点 T_0 处的已知的加速度计标度因数值；d 是定常系数。

第4章

弹载环境下组合导航技术 仿真评估方法研究

■ 4.1 器件级指标评估方法

惯性/卫星组合导航主要由惯性导航单元（IMU）和卫星导航单元两部分组成。IMU 性能直接影响惯性导航输出性能，参考惯性导航原理和工程实践经验，IMU 性能指标主要考虑零偏系列指标、标度因数系列指标和重复性系列指标。卫星导航性能主要由 GNSS 性能决定，GNSS 性能指标主要包括 PVT[①] 精度、动态性能和灵敏度。

4.1.1 IMU 性能指标评估方法

参考国家军用标准《光纤陀螺仪测试方法》等文件，IMU 性能评估内容包括零偏系列评估、标度因数系列评估和重复性系列评估三部分。加速度计评估方法与陀螺仪相同，下面以陀螺仪为例进行介绍。

（1）零偏系列评估

零偏系列评估可以同时实现陀螺仪零偏、零偏稳定性及随机游走系数性能的评估。基本工作流程是：在 IMU 中 x 轴指向东，y 轴指向北，z 轴指向天的条件下启动陀螺仪，并对陀螺仪进行数据采集，采用相关数据处理方法计算陀螺仪的零偏、零偏稳定性及随机游走系数。

---

① 位置、速度、时间，position，velocity，time，PVT。

1）陀螺仪零偏计算方法

分别对三轴陀螺仪输出角速度求均值，得到 $\bar{\omega}_x$，$\bar{\omega}_y$，$\bar{\omega}_z$，设 Ω_e 为地球自转角速率，L 为地理纬度，则陀螺仪的三轴零偏分别为

$$
\begin{cases}
B_{x_0} = \bar{\omega}_x \\
B_{y_0} = \bar{\omega}_y - \Omega_e \cdot \sin L \\
B_{z_0} = \bar{\omega}_z - \Omega_e \cdot \cos L
\end{cases}
\tag{51}
$$

2）陀螺仪零偏稳定性计算方法

将采样数据每 t_n 时间平滑出一个速率点 ω_{xi}，ω_{yi}，ω_{zi}（$i = 1, 2, \cdots, T_n/t_n$），则陀螺仪三轴零偏稳定性分别为

$$
\begin{cases}
B_{x_s} = \sqrt{\dfrac{\sum\limits_{j=1}^{T_n/t_n} \left(\omega_{xi} - \dfrac{t_n}{T_n} \sum\limits_{i=1}^{T_n/t_n} \omega_{xi} \right)^2}{T_n/t_n - 1}} \\[4mm]
B_{y_s} = \sqrt{\dfrac{\sum\limits_{j=1}^{T_n/t_n} \left(\omega_{yi} - \dfrac{t_n}{T_n} \sum\limits_{i=1}^{T_n/t_n} \omega_{yi} \right)^2}{T_n/t_n - 1}} \\[4mm]
B_{z_s} = \sqrt{\dfrac{\sum\limits_{j=1}^{T_n/t_n} \left(\omega_{zi} - \dfrac{t_n}{T_n} \sum\limits_{i=1}^{T_n/t_n} \omega_{zi} \right)^2}{T_n/t_n - 1}}
\end{cases}
\tag{52}
$$

3）陀螺仪随机游走系数计算方法

采用 Allan 方差[①]法计算，以 x 轴为例进行分析，y，z 轴计算方法相同。已知 IMU 数据更新周期为 t_0，分别选取平滑时间 $\tau = t_0$，$2t_0$，$\cdots$，$10^4 t_0$［单位：秒（s）］，对陀螺仪原始数据进行处理，生成不同平滑序列 $\{ \bar{\omega}_i(\tau) \}$，之后计算不同平滑序列的方差

$$
\sigma^2(\tau) = \frac{t_0}{2 \cdot (T_n - \tau - t_0)} \cdot \sum_{i=1}^{T_n/t_n - \tau/t_0 - 1} \left[\bar{\omega}_{i+2}(\tau) - 2 \cdot \bar{\omega}_{i+1}(\tau) + \bar{\omega}_i(\tau) \right]^2
\tag{53}
$$

---

① 阿伦方差。

建立 Allan 方差模型

$$\sigma^2(\tau) = \sum_{m=-2}^{2} A_m \cdot \tau^m \tag{54}$$

通过最小二乘拟合法计算得到陀螺仪随机游走系数 RWC[①] 为

$$\text{RWC} = \sqrt{A_{-1}} = \sqrt{\frac{\sum_{K=1}^{10^4} \tau_k^{-1} \cdot \sigma^2(\tau_k) - 10^{-4} \cdot \sum_{k=1}^{10^4} \tau_k^{-1} \cdot \sum_{k=1}^{10^4} \sigma^2(\tau_k)}{\sum_{k=1}^{10^4} (\tau_k^{-1})^2 - 10^{-4} \cdot \left(\sum_{k=1}^{10^4} \tau_k^{-1}\right)^2}} \tag{55}$$

（2）标度因素系列评估

标度因数系列评估可以同时实现陀螺仪标度因数、标度因数非线性、标度因素不对称性以及陀螺仪三轴正交性的评估。基本工作流程是：使 x 轴指向天，y，z 轴水平，陀螺启动预热后采集三轴输出 N_c 个值作为天向轴评估前零位数据；在设置天向转速（正向、负向）条件下，转速稳定后采集三轴输出 N_c 个值，作为天向轴（正向、负向）第 i 个速率点评估值；停止转动后，采集三轴输出 N_c 个值作为天向轴评估结束零位数据。

再依次使 y 轴指向天，x，z 轴水平，z 轴指向天，x，y 轴水平，数据采集和处理流程与上述（x 轴指向天，y，z 轴水平）流程一致。三轴评估数据采集结束后，记录三轴正负向的 N_x，N_y，N_z 个速率点评估值，采用相应计算方法计算三轴陀螺标度因数、标度因数非线性度和不对称性、正交性。

以 x 轴为例，介绍陀螺仪标度因数的数据处理方法，y，z 轴处理方法相同。记录陀螺仪 x 轴评估起始时段及结束时段的零位数据，取其平均值分别记为 ω_{x0s}，ω_{x0e}，则 x 轴零位输出值为

$$\omega_{x0} = (\omega_{x0s} + \omega_{x0e})/2 \tag{56}$$

记录 x 轴正向和负向第 1 个速率点的三轴陀螺仪输出数据，取其平均值分别记为 ω_{x1}，ω_{x1y}，ω_{x1z} 和 ω_{x-1}，ω_{x-1y}，ω_{x-1z}，计算 x 轴标度因数时需要将其零位扣除，即

$$\begin{cases} \omega_{x1}^c = \omega_{x1} - \omega_{x0} \\ \omega_{x-1}^c = \omega_{x-1} - \omega_{x0} \end{cases} \tag{57}$$

---

① 随机游走系数，random walk coefficient，RWC。

依此类推，最终分别得到 x 轴正、负向 N_x 个速率点三轴陀螺仪输出数据。

1）标度因数

建立陀螺仪 x 轴输入输出关系线性模型

$$\omega_{xi}^c = K_x \cdot \Omega_{xi} + \omega_{x0}^c + \tilde{\omega}_{xi} \tag{58}$$

式中，Ω_{xi} 为陀螺仪转动角速率；K_x 为 x 轴陀螺仪标度因数；ω_{x0}^c 为 x 轴陀螺仪拟合零位；$\tilde{\omega}_{xi}$ 为 x 轴陀螺仪随机测量误差。

利用最小二乘法计算陀螺仪拟合零位 ω_{x0}^c 和标度因数 K_x 为

$$\begin{cases} \omega_{x0}^c = \dfrac{1}{2 \cdot N_x} \sum_{i=-N_x}^{N_x} \omega_{xi}^c - \dfrac{K_x}{2 \cdot N_x} \sum_{i=-N_x}^{N_x} \Omega_{xi} \\[4mm] K_x = \dfrac{\displaystyle\sum_{i=-N_x}^{N_x} \Omega_{xi} \cdot \omega_{xi}^c - \dfrac{1}{2 \cdot N_x} \sum_{i=-N_x}^{N_x} \Omega_{xi} \cdot \sum_{i=-N_x}^{N_x} \omega_{xi}^c}{\displaystyle\sum_{i=-N_x}^{N_x} \Omega_{xi}^2 - \dfrac{1}{2 \cdot N_x} \left(\sum_{i=-N_x}^{N_x} \Omega_{xi} \right)^2} \end{cases} \tag{59}$$

2）标度因数非线性

用拟合直线表示陀螺仪 x 轴输入输出关系

$$\widehat{\omega}_{xi}^c = K_x \cdot \Omega_{xi} + \omega_{x0}^c \tag{60}$$

则标度因数非线性偏差 α_{xi} 和非线性度 K_{xn} 为

$$\begin{cases} \alpha_{xi} = \dfrac{|\widehat{\omega}_{xi}^c - \omega_{xi}^c|}{|\omega_{xN_x}^c|} \\[4mm] K_{xn} = \max |\alpha_{xi}| \end{cases} \tag{61}$$

3）标度因素不对称性

利用最小二乘法分别计算 x 轴正向和负向标度因数 K_{x+}、K_{x-}，可得

$$\begin{cases} K_{x+} = \dfrac{\displaystyle\sum_{i=1}^{N_x} \Omega_{xi} \cdot \omega_{xi}^c - \dfrac{1}{N_x} \sum_{i=1}^{N_x} \Omega_{xi} \cdot \sum_{i=1}^{N_x} \omega_{xi}^c}{\displaystyle\sum_{i=1}^{N_x} \Omega_{xi}^2 - \dfrac{1}{N_x} \left(\sum_{i=1}^{N_x} \Omega_{xi} \right)^2} \\[6mm] K_{x-} = \dfrac{\displaystyle\sum_{i=-1}^{-N_x} \Omega_{xi} \cdot \omega_{xi}^c - \dfrac{1}{N_x} \sum_{i=-1}^{-N_x} \Omega_{xi} \cdot \sum_{i=-1}^{-N_x} \omega_{xi}^c}{\displaystyle\sum_{i=-1}^{-N_x} \Omega_{xi}^2 - \dfrac{1}{N_x} \left(\sum_{i=-1}^{-N_x} \Omega_{xi} \right)^2} \end{cases} \tag{62}$$

则标度因数不对称性为

$$K_{xa} = \frac{2 \cdot |K_{x+} - K_{x-}|}{K_{x+} + K_{x-}} \tag{63}$$

4）三轴正交性

建立 x 轴对 y 轴耦合关系线性模型

$$\omega_{xiy} = M_{xy} \cdot \Omega_{xi} + \omega_{x0y} + \tilde{\omega}_{xiy}(i = -N_x, \cdots, -1, 1, \cdots, N_x) \tag{64}$$

式中，M_{xy} 为 x 轴对 y 轴的耦合系数；ω_{x0y} 为 x 轴对 y 轴耦合关系的拟合零位；$\tilde{\omega}_{xiy}$ 为 x 轴对 y 轴耦合关系的随机测量误差。利用最小二乘法计算 x 轴对 y 轴的耦合关系拟合零位 ω_{x0y} 和耦合系数 M_{xy} 为

$$\begin{cases} \omega_{x0y} = \dfrac{1}{2 \cdot N_x} \sum\limits_{i=-N_x}^{N_x} \omega_{xiy} - \dfrac{M_{xy}}{2 \cdot N_x} \sum\limits_{i=-N_x}^{N_x} \Omega_{xi} \\[4mm] M_{xy} = \dfrac{\sum\limits_{i=-N_x}^{N_x} \Omega_{xi} \cdot \omega_{xiy} - \dfrac{1}{2 \cdot N_x} \sum\limits_{i=-N_x}^{N_x} \Omega_{xi} \cdot \sum\limits_{i=-N_x}^{N_x} \omega_{xiy}}{\sum\limits_{i=-N_x}^{N_x} \Omega_{xi}^2 - \dfrac{1}{2 \cdot N_x} \left(\sum\limits_{i=-N_x}^{N_x} \Omega_{xi} \right)^2} \end{cases} \tag{65}$$

同样，x 轴对 z 轴的耦合关系拟合零位 ω_{x0z} 和耦合系数 M_{xz} 为

$$\begin{cases} \omega_{x0z} = \dfrac{1}{2 \cdot N_x} \sum\limits_{i=-N_x}^{N_x} \omega_{xiz} - \dfrac{M_{xz}}{2 \cdot N_x} \sum\limits_{i=-N_x}^{N_x} \Omega_{xi} \\[4mm] M_{xz} = \dfrac{\sum\limits_{i=-N_x}^{N_x} \Omega_{xi} \cdot \omega_{xiz} - \dfrac{1}{2 \cdot N_x} \sum\limits_{i=-N_x}^{N_x} \Omega_{xi} \cdot \sum\limits_{i=-N_x}^{N_x} \omega_{xiz}}{\sum\limits_{i=-N_x}^{N_x} \Omega_{xi}^2 - \dfrac{1}{2 \cdot N_x} \left(\sum\limits_{i=-N_x}^{N_x} \Omega_{xi} \right)^2} \end{cases} \tag{66}$$

（3）重复性系列评估

重复性系列评估可以实现陀螺仪零偏重复性的评估。主要工作流程是：对陀螺仪通电，预热后进行陀螺仪零偏评估；陀螺仪断电，间隔一段时间 Dt_ω（默认 1 h）后，再重复以上操作，共进行 N_ω（默认值 7）次零偏评估。数据处理过程如下。

以 x 轴为例，按照零偏处理方法得到 N_ω 次陀螺仪零偏 B_{xj}，则零偏重复性为

$$B_{xc} = \sqrt{\frac{\sum\limits_{j=1}^{N_\omega} \left(B_{xj} - \dfrac{1}{N_\omega} \cdot \sum\limits_{i=1}^{N_\omega} B_{xi} \right)^2}{N_\omega - 1}} \tag{67}$$

4.1.2　GNSS 性能指标评估方法

GNSS 性能评估包括 PVT 精度评估、动态性能评估和灵敏度评估三部分。

（1）PVT 精度评估

在 GNSS 性能评估中，载入动态轨迹后，系统执行评估任务，记录被评估系统接收机的输出数据并进行处理，得到定位精度与速度精度的结果。对于时间精度，采用模拟器和时间间隔仪进行评估。模拟器生成静态导航射频信号，并将其输出给被评估系统，系统定位 5 min 后，将其与模拟器的 1PPS 信号接入时间间隔计数器。时间间隔计数器输出的误差值即为被评估系统的授时精度。

1）定位精度和测速精度

当接收机正常定位且 PDOP[①] 小于 6 时，统计导航输出数据与理想轨迹之间的位置误差和速度误差。以位置误差为例，具体计算方程如式（68）所示。

$$
\begin{cases}
e_i^x = X_i^{\text{test}} - X_i, e_i^y = Y_i^{\text{test}} - Y_i, e_i^z = Z_i^{\text{test}} - Z_i \\[2mm]
\bar{m}_x = \dfrac{1}{n}\sum_{i=1}^{n} e_i^x, \bar{m}_y = \dfrac{1}{n}\sum_{i=1}^{n} e_i^y, \bar{m}_z = \dfrac{1}{n}\sum_{i=1}^{n} e_i^z \\[2mm]
e_p = \sqrt{\bar{m}_x^2 + \bar{m}_y^2 + \bar{m}_z^2} \\[2mm]
\delta_x = \dfrac{1}{n-1}\sum_{i=1}^{n} (e_i^x - \bar{m}_x)^2, \delta_y = \dfrac{1}{n-1}\sum_{i=1}^{n} (e_i^y - \bar{m}_y)^2, \delta_z = \dfrac{1}{n-1}\sum_{i=1}^{n} (e_i^z - \bar{m}_z)^2 \\[2mm]
s_p = \sqrt{\delta_x + \delta_y + \delta_z} \\[2mm]
\delta_{p95} = e_p + 2s_p
\end{cases}
$$

（68）

式中，e_i^x、e_i^y、e_i^z 为 X，Y，Z 方向实时位置误差；e_p 为定位误差均值；X_i^{test}、Y_i^{test}、Z_i^{test} 与 X_i，Y_i，Z_i 分别为地心地固（ECEF）坐标系下，接收机输出与模拟器仿真信号的 X，Y，Z 坐标轴的位置坐标；$\bar{m}_x$、$\bar{m}_y$、$\bar{m}_z$ 与 δ_x、δ_y、δ_z 分别为 X，Y，Z 方向实时定位误差的平均值与方差；s_p 为接收机定位误差的标准差；

[①]　位置精度衰减因子，position dilution of precision，PDOP。

δ_{p95} 为测量获得的 95% 概率定位精度误差。

2）时间精度

采集时间间隔测量仪实时测量值，每秒测量一次，连续测量 600 s，取其最大值作为时间精度评估结果。

（2）动态性能评估

动态性能评估主要评估接收机在给定动态轨迹情况下，能否不失锁并保持跟踪状态。最终给出该轨迹的最大速度、加速度和加加速度，作为接收机的跟踪动态性能指标。在 GNSS 动态性能评估中，载入动态轨迹，启动模拟器进行 5 min 静态评估后，开始动态评估，采集接收机输出数据进行处理。数据处理过程如下。

①比较接收机定位结果与轨迹标准值之差，并绘制定位误差曲线。

②绘制接收机定位状态曲线，如果接收机保持动态全程定位，则说明接收机能够满足该轨迹的动态跟踪性能需求，否则不能满足。

③根据轨迹信息绘制速度曲线、加速度曲线和加加速度曲线，提取其中相应的最大值，作为接收机的动态跟踪性能指标。

（3）灵敏度评估

灵敏度包括捕获灵敏度和跟踪灵敏度两种，其评估分为静态和动态两种场景。数据处理过程如下。

1）捕获灵敏度

首先进行静态捕获灵敏度评估，然后进行动态捕获灵敏度评估。在进行 n 次步长调节后，接收机在要求时间内开始定位，则该次评估捕获灵敏度为 pb + n × dpb。交替进行静、动态评估各 5 次，分别取其最大值作为接收机的静态和动态捕获灵敏度。

2）跟踪灵敏度

首先进行静态跟踪灵敏度评估，然后进行动态跟踪灵敏度评估。在进行 n 次步长调节后，接收机在要求时间内开始不定位，则跟踪灵敏度为 pb + $(n-1)$ × dpb。

■ 4.2　系统级指标评估方法

结合工程经验，惯性/卫星组合导航系统级性能指标主要考虑导航参数精度、环境适应能力、实时性和抗干扰能力。

4.2.1　导航参数精度评估方法

导航参数精度评估包括位置、姿态和速度精度评估，主要通过比较基准导航参数与解算导航参数，采用相应数据处理方法对误差精度进行评估。参考国家军用标准《惯性 – 卫星组合导航系统通用规范》（GJB 3183A—2018），数据处理方法主要采用 RMS[①] 评定方法。

（1）位置精度评估

将位置精度分为水平位置精度和垂直位置精度。

水平位置精度数据处理方法如式（69）所示。

$$
\begin{cases}
\widehat{\mu}_{P_X} = \dfrac{1}{mn} \sum_{j=1}^{m} \sum_{i=1}^{n} \Delta P_{X_{ij}} \\[2mm]
\widehat{\sigma}_{iP_X} = \sqrt{\dfrac{1}{m-1} \sum_{j=1}^{m} (\Delta P_{X_{ij}} - \widehat{\mu}_{P_X})^2} \\[2mm]
\widehat{\sigma}_{P_X} = \sqrt{\dfrac{1}{n} \sum_{i=1}^{n} \widehat{\sigma}_{iP_X}^2} \\[2mm]
\mathrm{RMS}_X = \sqrt{\widehat{\mu}_{P_X}^2 + \widehat{\sigma}_{P_X}^2} \\[2mm]
\widehat{\mu}_{P_Y} = \dfrac{1}{mn} \sum_{j=1}^{m} \sum_{i=1}^{n} \Delta P_{Y_{ij}} \\[2mm]
\widehat{\sigma}_{iP_Y} = \sqrt{\dfrac{1}{m-1} \sum_{j=1}^{m} (\Delta P_{Y_{ij}} - \widehat{\mu}_{P_Y})^2} \\[2mm]
\widehat{\sigma}_{P_Y} = \sqrt{\dfrac{1}{n} \sum_{i=1}^{n} \widehat{\sigma}_{iP_Y}^2} \\[2mm]
\mathrm{RMS}_Y = \sqrt{\widehat{\mu}_{P_Y}^2 + \widehat{\sigma}_{P_Y}^2} \\[2mm]
\mathrm{RMS}_H = \sqrt{\mathrm{RMS}_X^2 + \mathrm{RMS}_Y^2}
\end{cases}
\tag{69}
$$

---

① 均方根误差，root mean square，RMS。

式中，$\widehat{\mu}_{P_X}$ 为纬度误差均值，m；m 为有效试验次数；n 为每次试验的测点数；$\Delta P_{X_{ij}}$ 为第 j 次试验第 i 测点的纬度一次差，m；$\widehat{\sigma}_{iP_X}$ 为第 i 测点的纬度标准差，m；$\widehat{\sigma}_{P_X}$ 为纬度标准差，m；RMS_X 为纬度均方根误差，m；$\widehat{\mu}_{P_Y}$ 为经度误差均值，m；$\Delta P_{Y_{ij}}$ 为第 j 次试验第 i 测点的经度一次差，m；$\widehat{\sigma}_{iP_Y}$ 为第 i 测点的经度标准差，m；$\widehat{\sigma}_{P_Y}$ 为经度标准差，m；RMS_Y 为经度均方根误差，m；RMS_H 为水平位置均方根误差，m。

垂直位置精度数据处理方法如式（70）所示。

$$
\begin{cases}
\widehat{\mu}_{P_Z} = \dfrac{1}{mn} \sum_{j=1}^{m} \sum_{i=1}^{n} \Delta P_{Z_{ij}} \\[2mm]
\widehat{\sigma}_{iP_Z} = \sqrt{\dfrac{1}{m-1} \sum_{j=1}^{m} \left(\Delta P_{Z_{ij}} - \widehat{\mu}_{P_Z} \right)^2} \\[2mm]
\widehat{\sigma}_{P_Z} = \sqrt{\dfrac{1}{n} \sum_{i=1}^{n} \widehat{\sigma}_{iP_Z}^2} \\[2mm]
RMS_Z = \sqrt{\widehat{\mu}_{P_Z}^2 + \widehat{\sigma}_{P_Z}^2}
\end{cases}
\tag{70}
$$

式中，$\widehat{\mu}_{P_Z}$ 为垂直位置误差均值，m；$\Delta P_{Z_{ij}}$ 为第 j 次试验第 i 测点的垂直位置一次差，m；$\widehat{\sigma}_{iP_Z}$ 为第 i 测点的垂直位置标准差，m；$\widehat{\sigma}_{P_Z}$ 为垂直位置标准差，m；RMS_Z 为垂直位置均方根误差，m。

（2）姿态精度评估

姿态精度评估包括方位精度评估和水平角精度评估。

方位精度评估数据处理方法如式（71）所示。

$$
\begin{cases}
\widehat{\mu}_H = \dfrac{1}{mn} \sum_{j=1}^{m} \sum_{i=1}^{n} \Delta H_{ij} \\[2mm]
\widehat{\sigma}_{iH} = \sqrt{\dfrac{1}{m-1} \sum_{j=1}^{m} \left(\Delta H_{ij} - \widehat{\mu}_H \right)^2} \\[2mm]
\widehat{\sigma}_H = \sqrt{\dfrac{1}{n} \sum_{i=1}^{n} \widehat{\sigma}_{iH}^2} \\[2mm]
RMS_H = \sqrt{\widehat{\mu}_H^2 + \widehat{\sigma}_H^2}
\end{cases}
\tag{71}
$$

式中，$\hat{\mu}_H$ 为方位角误差均值，$(')$；ΔH_{ij} 为第 j 次试验第 i 测点的方位角一次差，$(')$；$\hat{\sigma}_{iH}$ 为各试验次数中第 i 测点的方位角误差标准差，$(')$；$\hat{\sigma}_H$ 为方位角误差的标准差，$(')$；RMS_H 为方位角均方根误差，$(')$。

水平角精度评估数据处理方法如式（72）所示。

$$
\begin{cases}
\hat{\mu}_\theta = \dfrac{1}{mn} \sum_{j=1}^{m} \sum_{i=1}^{n} \Delta\theta_{ij} \\[2mm]
\hat{\sigma}_{i\theta} = \sqrt{\dfrac{1}{m-1} \sum_{j=1}^{m} (\Delta\theta_{ij} - \hat{\mu}_\theta)^2} \\[2mm]
\hat{\sigma}_\theta = \sqrt{\dfrac{1}{n} \sum_{i=1}^{n} \hat{\sigma}_{i\theta}^2} \\[2mm]
RMS_\theta = \sqrt{\hat{\mu}_\theta^2 + \hat{\sigma}_\theta^2}
\end{cases}
\tag{72}
$$

式中，$\hat{\mu}_\theta$ 为水平角误差均值估计值，$(')$；$\Delta\theta_{ij}$ 为第 j 次试验第 i 测点的水平角一次差，$(')$；$\hat{\sigma}_{i\theta}$ 为各试验次数中第 i 测点的水平角误差标准差，$(')$；$\hat{\sigma}_\theta$ 为水平角误差的标准差，$(')$；RMS_θ 为水平角均方根误差，$(')$。

（3）速度精度评估

速度精度评估数据处理方法如式（73）所示。

$$
\begin{cases}
\hat{\mu}_V = \dfrac{1}{mn} \sum_{j=1}^{m} \sum_{i=1}^{n} \Delta V_{ij} \\[2mm]
\hat{\sigma}_{iV} = \sqrt{\dfrac{1}{m-1} \sum_{j=1}^{m} (\Delta V_{ij} - \hat{\mu}_V)^2} \\[2mm]
\hat{\sigma}_V = \sqrt{\dfrac{1}{n} \sum_{i=1}^{n} \hat{\sigma}_{iV}^2} \\[2mm]
RMS_V = \sqrt{\hat{\mu}_V^2 + \hat{\sigma}_V^2}
\end{cases}
\tag{73}
$$

式中，$\hat{\mu}_V$ 为速度误差均值，m/s；ΔV_{ij} 为第 j 次试验第 i 测点的速度一次差，m/s；$\hat{\sigma}_{iV}$ 为各试验次数中第 i 测点的速度标准差，m/s；$\hat{\sigma}_V$ 为速度标准差，m/s；RMS_V 为速度均方根误差，m/s。

4.2.2 环境适应能力评估方法

环境适应能力评估主要通过设定不同飞行环境条件（起飞、爬升、转平飞、发动机振动、气流冲击等）的变化，分析组合导航输出结果参数的变化过程，考核组合导航参数的收敛性能和自适应性能。在组合导航层面，核心问题是滤波器收敛速度评估。可在设定环境条件下，通过记录组合导航滤波收敛时间 t_v 进行评价。以位置、速度、姿态等精度指标为收敛界限，在环境条件变化后，进入组合导航状态时刻开始计时，当组合导航结果连续 50 帧低于收敛界限时，第一帧进入收敛界限的时间即为滤波器收敛时间。

设组合导航开始时刻为 t_s，进入组合导航指标界限时刻为 t_e，滤波器收敛时间 t_v 表示方法如式（74）所示。

$$t_v = t_e - t_s \tag{74}$$

通过上式可得到设定飞行环境变化条件下组合导航位置、速度和姿态参数的收敛时间。

4.2.3　实时性评估方法

实时性描述了滤波算法的动态性能，要求组合导航算法在规定的时间内完成一个时刻的状态解算。影响实时性的因素主要有滤波状态、滤波计算以及硬件能力。假设动态系统要求滤波更新时间为 t_d，实际滤波更新时间为 t，则算法必须足 $t_d > t$。

实时性可以直接由算法方程和硬件执行速度利用一定的解析模型计算获取，计算模型如式（75）所示。

$$t = f(N_i, N_m, N_a, N_s, N_o)/t_h \tag{75}$$

式中，N_i 为算法滤波中需要求逆的矩阵个数；N_m、N_a 分别表示滤波算法在一个周期乘法与加法的运算个数；N_s 为滤波算法状态个数；N_o 为其他运算方式（对数运算、开方运算等）；t_h 为系统硬件执行的速度；$f = \sum_{j=1}^{k} \alpha_j N_j$，$\alpha_j$ 表示加权系数，其值与 N_j 运算时间有关。

综上得到实时性指标计算公式如式（76）所示。

$$\text{realt} = t_d / t \tag{76}$$

此模型可用于评价组合导航算法的实时性。此外，可在程序中设置计时器得到算法解算时间，实现在线实时性测试。

4.2.4 抗干扰能力评估方法

抗干扰能力主要评估组合导航系统在卫星信号受到干扰的情况下的性能表现，包括对干扰信号的识别能力，以及受到干扰后保持导航精度在指标要求范围内的时间。根据卫星信号干扰方式的不同，设置压制式干扰和欺骗式干扰。在不同干扰条件下，考核组合导航模式转换能力，以及导航模式转换后精度指标保持能力。

在压制式干扰条件下，卫星接收机无法正常捕获和跟踪信号，组合导航系统应监测到卫星定位功能异常，并及时转换为其他导航模式。设施加压制式干扰时刻为 t_y，监测到卫星定位功能异常时刻为 t_g，导航模式转换时间要求为 t_z，压制式干扰条件下导航模式转换能力指标评估计算公式如式（77）所示。

$$zhability_1 = t_z/(t_g - t_y) \tag{77}$$

在欺骗式干扰条件下，组合导航系统需要结合采集数据异常和组合导航参数的异常变化趋势等，对接收到的信号进行监测，判断系统应对跳变趋势干扰具备基本的防欺骗能力，当监测到欺骗信号后应及时转换为其他导航模式。设施加欺骗式干扰时刻为 t_q，监测到欺骗信号时刻为 t_p，导航模式转换时间与压制式干扰条件下要求一致，欺骗式干扰条件下导航模式转换能力指标评估计算公式如式（78）所示。

$$zhability_2 = t_z/(t_p - t_q) \tag{78}$$

组合导航系统在监测到干扰信号后，会转入记忆推算组合模式或纯惯性导航等模式。导航模式转换后，系统应确保导航精度在指标要求范围内保持一定的工作时间（简称精度保持时间）。设组合导航精度保持时间要求为 t_j，实际导航精度保持时间为 t_b，则卫星信号受到干扰情况下精度保持时间的指标评估计算公式如式（79）所示。

$$jdmatc = t_b/t_j \tag{79}$$

■ 4.3 总体性能评估方法

根据层次分析法构建的组合导航系统评价指标体系，首先结合专家打分解算得到各指标因素间的权重关系，并确定每项指标的权重分值；然后根据这些权重分配，分别对各相关性能指标进行评估打分；最后综合各分性能指标打分结果，得出总体性能分值，完成对组合导航系统的综合性能评估。

4.3.1　评价指标权重确定原则

权重（又称权数、权重系数、加权系数）是指各评价指标对评价对象影响程度的大小，是指标重要性的度量，它反映了下列因素：决策人对目标的重视程度，各目标指标值的差异程度以及各目标指标值的可靠程度。

权重应当综合反映上述三种因素的作用。指标权重的确定是组合导航系统评价中的一项重要工作，不同的指标权重将会导致不同的评价结果，权重是否合理将直接决定评价结果的有效性。本章研究组合导航系统评价指标权重的确定方法，为组合导航系统的综合评价提供科学依据。

权重的作用是在多目标评价决策中突出重点指标，使多指标实现合理构建和优化组合，以达到整体最优或满意。在指标体系中，各指标对目标的重要程度不同，衡量各指标对目标的贡献时，应赋予不同的权重。指标权重是以定量的方式反映各项指标在综合评价中所起作用的大小。确定指标权重可以使评价工作做到主次分明，抓住主要矛盾，准确掌握评价的标准与重点。此外，通过权重的确定还可以解决两个问题：①不同类型指标之间的可比性问题，以及许多指标之间无统一量纲、不可度量的问题；②避免指标权重的往复循环比较问题，即甲比乙优，乙比丙优，丙比甲优而无法厘清头绪的现象。

特别要指出的两点：①权重作用的实现依赖于评价指标的评分值，因为每项指标的评价结果是其权重与评分值的乘积；②用不同方法确定的指标权重可能会有一定差异，这是由于不同方法的出发点不同所造成的。

合理确定权重对系统综合评价工作具有重要的意义，一方面，权重体现了引导意图和价值观念，另一方面，权重也影响评价结果的准确性。一般来说，指标权重比统计数据对评价结果的影响更大。统计数据有误或不准确，通常只会影响某项评价指标的某个计算参数；而权重不合理，则会对评价指标的计算结果起"倍增"性影响。此外，由于某项评价指标的权重与其他相关评价指标的权重相互制约，不合理的权重还会影响其他评价指标的评价结果。

为了能合理地确定指标体系中各个指标的权重，一般要遵循以下原则。

①系统优化原则。在多指标评价中，每个指标都希望提高它的重要程度。如何处理好各评价指标之间的关系，即合理分配评价指标的权重是至关重要的。遵循系统优化原则，应以系统的整体最优化（或满意）作为出发点和追求的目标。在这一原则的指导下，应对评价指标体系中的各项评价指标进行分析对比，权衡它们各自对整体的作用和效果，合理确定它们的权重。既不能平均分配权重，又不能片面强调某个指标。只有通过合理分配权重，使各项指标在整体中发挥应有作用，才能实现整体最优化的目标。

②引导意图与现实情况结合的原则。在确定指标权重时，权重无疑要体现出评价主体的引导意图和价值观念。当某项指标被评价主体看得很重要且需要突出它的作用时，该项指标应被给予较大的权重。然而，现实情况往往与人们的主观意图不完全一致，因此在确定权重时，不能完全依赖主观意图，必须考虑现实情况，把引导意图与现实情况结合起来。

③群体决策原则。权重一般是根据人们对客观事物的认识和对某项指标重要程度的理解来确定的。鉴于人们认识的多样性，群体决策中的方法是集中专家群体中每个人的权重分配方案，形成统一的方案。这样做的好处在于：一是考虑问题比较全面，使权重分配更加合理，防止个人认识和处理问题的片面性；二是能够比较客观地协调"众说不一"和"各持己见"的矛盾，由专家群体形成的统一权重分配方案，既包括了每个专家的方案，但又不全是任何一个专家的方案。同时，对于专家群体以外的其他任何人，尽管可以对专家群体形成的统一方案持各种各样的意见，但也没有理由去否定它。

采用专家调研法（Delphi 法）确定组合导航系统评价指标的权重：将指标体系发放给专家，并说明指标赋权的规则。专家包括来自多家 INS/GNSS 组合导航优势单位的资深行业内专家，进行指标赋权时须遵循下列规则。

①指标权重反映同一层次下各指标之间的相对重要程度，若某一层次中指标 A 的重要程度大于指标 B 的重要程度，则指标 A 的权重值 w_A 大于指标 B 的权重

值 w_B，反之则有 $w_A < w_B$，若指标 A 和 B 同等重要，则有 $w_A = w_B$。

②指标赋权应满足同一层次各指标权重之和等于上层指标的权重，即下一层次的指标权重是由上层指标权重分配得到的，即有

$$\sum_{i=1}^{4} a_i = 1, \ \sum_{i=1}^{2} b_i = a_1, \ \sum_{i=1}^{3} c_i = a_2$$

$$\cdots$$

$$\sum_{i=1}^{3} r_i = l_3, \ \sum_{i=1}^{3} s_i = m_3, \ \sum_{i=1}^{3} t_i = n_3$$

依据目前我国使命与任务对系统的要求，请专家根据自己的主观经验为组合导航系统评价指标赋权值，然后对专家的赋值结果进行综合处理，对于偏差较大的权重值，通过与专家沟通后重新赋值，最终得到组合导航系统评价指标体系中各指标赋权结果。

4.3.2　基于层次分析法的组合导航系统性能评估方法

采用 AHP[①] 法进行组合导航系统综合评价时，首先需要构造系统的层次分析模型。层次分析模型是一个多级递阶结构，通常由最高层、中间层和最底层组成，同一层次的元素作为准则对下一层的某些元素起支配作用，同时又受上一层次元素的支配。最高层表示解决问题的总目标，即层次分析要达到的最终目的。最高层又称目标层，中间层又称准则层，最低层即为指标层。

建立层次分析结构模型后，系统综合评价问题即转化为层次排序计算的问题。在排序计算中，每一层次的排序又可简化为一系列成对因素的比较判断并根据一定的比率标度将判断定量化，形成比较判断矩阵。通过计算判断矩阵的最大特征值及其特征向量，即可计算出某层次因素相对于上一层次中某一因素的相对重要性权值，这种排序计算称为层次单排序。为了得到某一层次相对上一层次的组合权值，可将上一层次各个因素分别作为下一层次各因素间相互比较判断的准则，即可得到下一层次因素相对上一层次各因素的相对重要性权值；然后用上一层次因素的组合权值加权，即得下一层次因素相对于上一层次整个层次

---

①　层次分析法，analytic hierarchy process，AHP。

的组合权值，这种排序计算称为层次的总排序。依次沿递阶层次结构由上而下逐层计算，即可计算出最底层因素相对于最高层的相对重要性权值或相对优劣的排序值。

子结构判断矩阵是 AHP 法中的重要概念，它表示针对上一层次的某因素，本层次与之有关的因素之间相对重要性的比较。假定 A 层因素中 A_k 与下一层次 B 中的 B_1，B_2，$\cdots$，B_n 有联系，则可将构造的判断矩阵以表格形式表示为

A_k	B_1	B_2	$\cdots$	B_n
B_1	1	δ_{12}	$\cdots$	δ_{1n}
B_2	δ_{21}	1	$\cdots$	δ_{2n}
$\vdots$	$\vdots$	$\vdots$		$\vdots$
B_n	δ_{n1}	δ_{n2}	$\cdots$	1

判断矩阵也可以表示为

$$\boldsymbol{A} = (\delta_{ij})_{n \times n} = \begin{bmatrix} 1 & \delta_{12} & \cdots & \delta_{1n} \\ \delta_{21} & 1 & \cdots & \delta_{2n} \\ \vdots & \vdots & & \vdots \\ \delta_{n1} & \delta_{n2} & \cdots & 1 \end{bmatrix} \tag{80}$$

式中，$\delta_{ij}(i=1,2,\cdots,n; j=1,2,\cdots,n)$ 表示因素 B_i 与 B_j 相对 A_k 的重要性标度值，即专家对两因素所打分值的比值。

在判断矩阵 $\boldsymbol{A}$ 中，其元素 δ_{ij} 满足以下关系：

$$\delta_{ij} > 0 \quad (i,j=1,2,\cdots,n) \tag{81}$$

$$\delta_{ii} = 1 \quad (i=1,2,\cdots,n) \tag{82}$$

$$\delta_{ij} = 1/\delta_{ji} \tag{83}$$

由矩阵理论可知，$\boldsymbol{A}$ 是正互反矩阵。在判断矩阵中，因素之间相对重要性的比较是定性的。为了使决策判断定量化，形成数值判断矩阵，必须引入合适的标度值对各种相对重要性的关系进行度量。托马斯·塞蒂引用了表 4 - 1 所示的 1~9 标度方法使定性评价转化为定量评价。

表 4 – 1　判断矩阵标度及其含义

标度	含义
1	表示两个因素相比，具有同样重要性
3	表示两个因素相比，一个因素比另一个因素稍微重要
5	表示两个因素相比，一个因素比另一个因素明显重要
7	表示两个因素相比，一个因素比另一个因素强烈重要
9	表示两个因素相比，一个因素比另一个因素极端重要
2，4，6，8	介于以上两相邻判断的中值
倒数	指标 B_i 与 B_j 相比得判断值 δ_{ij}，B_j 与 B_i 比较得判断值 $\delta_{ji} = 1/\delta_{ij}$

引入 1~9 标度法形成判断矩阵，使得决策者判断思维数学化，并有助于决策者检查并保持判断思维的一致性。所谓一致性，是指判断矩阵具备完全一致性，即判断矩阵 A 的元素应满足条件如式（84）所示：

$$a_{ij} = \frac{a_{ik}}{a_{jk}} \ (i,j,k = 1,2,\cdots,n) \tag{84}$$

根据主观判断所构造的判断矩阵具有互反性，但由于判断矩阵的确定受到专家知识水平和个人偏好影响，构造的判断矩阵一般很难满足一致性条件。因此，为保证可信度和准确性，必须进行一致性检验。

设 λ_1，λ_2，$\cdots$，λ_n 是满足式 $Ax = \lambda x$ 的特征根，根据矩阵理论可知，当 A 具有完全一致性时，$\lambda_1 = \lambda_{\max} = n$，其余特征根均为零；而当矩阵 A 不具有完全一致性时，则有 $\lambda_1 = \lambda_{\max} > n$，其余特征根 λ_2，λ_3，$\cdots$，λ_n 的关系如式（85）所示。

$$\sum_{i=2}^{n} \lambda_i = n - \lambda_{\max} \tag{85}$$

上式表明，当矩阵 A 具有满意的一致性时，$\lambda_{\max}$ 应稍大于 n，其余特征根也应接近于零。当判断矩阵无法保证完全一致性时，相应判断矩阵的特征根也将发生变化，因此，可以利用判断矩阵除最大特征根以外的其余特征根的负平均值，作为度量判断矩阵偏离完全一致性的指标。

$$C.I = \frac{\lambda_{max} - n}{n - 1} \tag{86}$$

C.I[①] 的值越小，说明 λ_{max} 与 n 相差越小，即判断矩阵更接近完全一致性。

为了度量不同阶数的判断矩阵是否具有满意的一致性，需要根据判断矩阵的阶数对一致性指标 C.I 进行修正。托马斯·塞蒂提出使用平均随机一致性指标 R.I[②] 修正 C.I 的方法，R.I 的取值可通过查表 4 – 2 得到，该表是经过多次重复随机计算判断矩阵的特征根后，取其算术平均值得到的。

表 4 – 2　R.I 取值表

n	2	3	4	5	6	7	8	9
R.I	0	0.52	0.89	1.12	1.26	1.36	1.41	1.46

由于 1 阶和 2 阶判断矩阵总是具有一致性，因此 R.I 只是形式上的。当阶数大于 2 时，将判断矩阵的一致性指标 C.I 与同阶平均随机一致性指标 R.I 的比值称为随机一致性比率，记为 C.R，有

$$C.R = \frac{C.I}{R.I} \tag{87}$$

判断矩阵的一致性准则为

$$C.R < 0.1 \tag{88}$$

即当 C.R < 0.1 时，则判断矩阵具有可接受的一致性；否则，就认为初步建立的判断矩阵是不能令人满意的，需要重新赋值，仔细修正，直至一致性检验通过为止。

根据专家们的赋权结果，构造基于 AHP 法的组合导航系统综合评价的判断矩阵，并进行一致性检验。通过各层次的排序计算结果，可以得到组合导航系统评价指标体系中的指标层相对目标层的总排序计算结果。组合导航系统评价指标权重分配见表 4 – 3。

---

① 一致性指标，consistency index，C.I。
② 随机一致性指标，random index，R.I。

表 4 – 3　组合导航系统评价指标权重分配表

一层指标	一层权重	二层指标	二层权重
IMU 性能评估	0.171 52	陀螺零偏	0.208 9
		陀螺标度因数	0.192 92
		加速度计零偏	0.207 19
		加速度计标度因数	0.190 07
		IMU 正交性	0.200 91
GNSS 性能评估	0.158 83	PVT 精度	0.499 3
		动态性能	0.500 7
组合导航系统精度评估	0.172 46	组合导航位置精度	0.335 44
		组合导航速度精度	0.330 93
		组合导航姿态精度	0.333 63
环境适应能力评估	0.164 47	温度环境适应能力	0.328 68
		振动环境适应能力	0.335 2
		冲击环境适应能力	0.336 13
抗干扰能力评估	0.164 47	系统对干扰的反应时间	0.325 09
		精度保持能力	0.334 25
		系统恢复能力	0.340 66
实时性能评估	0.168 23	15 维状态松组合实时性能	0.321 26
		18 维状态松组合实时性能	0.328 69
		紧组合实时性能	0.350 05

第5章

组合导航仿真评估系统软件设计开发

■ 5.1 系统需求分析

5.1.1 功能需求

5.1.1.1 组合导航数据源仿真单元功能需求

（1）仿真初始条件设置功能

初始条件在软件的界面设置，主要包括以下三方面参数。

弹道初始位置参数：当地纬度、经度、高度。

弹道初始速度参数：X，Y，Z 向初始速度。

弹道初始姿态参数：横滚角、俯仰角、方位角。

（2）组合导航系统测量误差源

测量误差源包括 IMU 误差和传感器误差，可以在软件界面选择并输入误差参数。测量误差定义见表 5 – 1。

表 5 – 1 测量误差定义

通道	技术指标	技术要求	备注
陀螺仪	精度	0.1	(°)/h
	标度因数误差	50	ppm①
	随机游走	0.03	(°)/√h

---

① 10^{-6}，由于法定计量单位制的颁布，ppm 已不再使用。但鉴于本书软件界面设计中采用了 ppm，因此文本描述中也予以保留。同此原因，μ 表示 10^{-6}，本书也予以保留。

续表

通道	技术指标	技术要求	备注
加速度计	精度	100	μg
	标度因数误差	200	ppm
IMU	失准角	30	($''$)

（3）组合导航系统弹道环境误差源设置功能

组合导航系统弹道环境误差源见表 5 - 2，随机振动条件见表 5 - 3，环境条件参数在软件界面定义，可进行输入设置，在仿真过程中可加入传感器和作为 IMU 的输出，模拟 IMU 对环境条件的响应。

表 5 - 2　组合导航系统弹道环境误差源

误差级别	误差源	误差类型	技术指标	单位	备注
惯性仪表	温度	环境温度	$-40 \sim +60$	℃	可设置
		温度梯度	$-10 \sim +10$	℃/min	可设置
	线振动	随机正弦	见表 5 - 3		可设置
	冲击	半正弦	见表 5 - 3		可设置

表 5 - 3　随机振动条件

频率/Hz	功率谱密度/$(g^2 \cdot Hz^{-1})$
20 ~ 80	按 3 dB/oct 上升
80 ~ 350	0.04
350 ~ 2 000	按 - 3 dB/oct 下降

综合分析，该模块具备的功能为：可在软件界面选择设置并加入上述三种环境误差源至 IMU 的输出。

（4）综合轨迹发生模块功能

该模块将定义的 IMU 的测量误差源和环境误差源生成的误差模型，加入基准轨迹的输出测量值中,以模拟产生沿轨迹飞行的综合测量参数。产生的数据源包括三轴陀螺通道轨迹测量输出和三轴加速度通道轨迹测量输出。

综合分析,该模块具备的功能为:将测量误差源和环境误差源加入陀螺仪和加速度计的输出(IMU)中。

(5)卫星导航系统数据源仿真模块

根据弹道的定义,该模块生成卫星导航系统的导航数据源,模拟卫星弹道测量参数,应包括轨迹的经度、纬度、高度、速度、伪距、伪距率,以及卫星的测量误差。

综合分析,该模块具备的功能为:通过基准弹道轨迹的姿态、速度、位置信息模拟 GNSS 信号,生成上述卫星导航系统数据源。

5.1.1.2　组合导航仿真计算单元功能需求

(1)导航方式和状态维数的选择功能

导航模式:纯惯性导航、惯性/卫星松组合导航、惯性/卫星紧组合导航。

状态维数:松组合导航方式的状态维数有 15 维、18 维两种可选。

(2)数字仿真验证功能

加载测量误差源至基准轨迹,通过数字仿真验证惯性导航、松组合导航、紧组合导航的功能及技术指标达成情况,组合导航精度指标及技术要求见表 5 - 4。

表 5 - 4　组合导航精度指标及技术要求

导航方式	技术指标	技术要求
纯惯性导航	水平位置误差	≤80 m
	高度误差	≤15 m
	水平速度误差	≤1.0 m/s
	高度速度误差	≤1.0 m/s
	姿态角误差	≤1.0°
	航向角误差	≤2.0°

续表

导航方式	技术指标	技术要求
松组合导航	水平位置误差	≤15 m
	高度误差	≤10 m
	水平速度误差	≤0.3 m/s
	高度速度误差	≤0.3 m/s
	姿态角误差	≤0.3°
	航向角误差	≤0.5°
紧组合导航	水平位置误差	≤8 m
	高度误差	≤10 m
	水平速度误差	≤0.2 m/s
	高度速度误差	≤0.2 m/s
	姿态角误差	≤0.2°
	航向角误差	≤0.3°

（3）导航结果输出显示功能

解算得到的导航参数应包括经度、纬度、高度、速度、姿态、航向，其误差变化过程以曲线形式显示在软件界面，并支持数据的离线读取和存储。

综合分析，该模块具备的功能如下。

①显示导航参数误差曲线。

②将导航解算最后时刻的导航参数显示于界面中。

③离线存储解算得到的导航参数及误差。

5.1.1.3　组合导航评估单元功能需求

根据组合导航指标体系，结合导航参数解算结果，采用相应的指标评估方法，对 IMU 和组合导航系统性能指标进行评估。评估内容包括：IMU 性能评估、GNSS 性能评估、导航参数精度评估、环境适应能力评估、抗干扰能力评估、系统总体性能评估。

综合分析，该模块具备的功能如下。

①建立组合导航指标体系。

②实现各评估环节的评估。

③确定各评估环节的所占权重，进行系统总体性能评估。

5.1.2 技术开发需求

软件在满足上述功能的基础上，需遵循以下几点技术要求。

①软件界面清晰，采用结构明确的模块化设计；软件设计为开放式，可以根据用户需求进行功能扩展。

②软件具有较好的兼容性，适用于 Windows XP/Windows 7.0 操作系统环境。导航评估结果输出为 Office Word 2003/Office Word 2007/Office Word 2010 文件格式，并能自动生成评估报告。

③具备组合导航实测数据的输入接口，通过特定协议可实现导航源数据的读取、导航参数解算与显示。

④软件各组成单元的开发需满足各自的功能及技术要求。开发过程应有详细的技术说明文档，开发完成后提供配套的使用说明。

5.2 用户界面设计规范

用户界面又称人机界面，用于实现用户与计算机之间的通信，包括控制计算机或进行数据传送。图形用户界面（graphical user interface，GUI）是一种可视化的用户界面，使用图形界面代替纯文本界面。本系统坚持 GUI 设计原则，界面直观且对用户友好。软件界面功能清晰明了，用户经简单培训即可操作使用。

5.2.1 界面设计介绍

界面设计旨在满足软件专业化和标准化的需求，对软件的使用界面进行美化、优化、规范化的设计。

（1）软件启动封面设计

软件启动封面应选用高清晰度的图像，其色彩不宜超过 256 色，大小通常为主流显示器分辨率的 1/6。插图应使用具有独立版权、象征性强、识别性高、视觉传达效果优秀的图形，也应考虑整体设计的统一性和延续性。

（2）软件框架设计

软件的框架设计需要精心编排。其设计应该简洁明了，避免过多无谓的装饰，应该考虑节省屏幕空间，也应考虑不同分辨率的适配和缩放。状态同时应为将来按钮、菜单、标签、文本框及图像显示区域的设计预留位置。设计中，整体色彩应搭配合理，软件商标应置于显著位置，主菜单应位于左侧或上侧，图像显示区域宜置于右侧，以符合视觉流程和用户的使用习惯。

（3）软件按钮设计

按钮应具备简洁的图示效果和易于理解的名称，保证用词准确、望文知意，能够让使用者产生功能关联反应。群组内按钮应该风格统一，功能差异大的按钮应该有所区别。软件按钮的操作可以通过鼠标和键盘两种方式实现。

（4）软件面板设计

软件面板设计应具备缩放和扩大功能，确保面板内功能区域划分清晰，并与弹出框的风格匹配，同时尽量节省空间，方便切换操作。

（5）菜单设计

菜单设计一般包括选中状态和未选中状态，应确保名称与选项相对应。下级菜单应标明下箭头符号，不同功能区间应用线条进行分割，保持每个菜单的字数相同。

（6）图标设计

图标设计的色彩不宜超过 64 色，应着注重视觉冲击力，需要在很小的范围展示软件的内涵。设计时应使用简单的颜色，利用眼睛对色彩和网点的空间混合效果，打造出引人注目的图标。

5.2.2　界面设计原则

5.2.2.1　易用性

①将完成相同或相近功能的按钮用 Frame 框起来，确保按钮支持快捷方式。

②将完成同一功能或任务的元素放在集中位置，以减少鼠标移动的距离。

③按功能将界面划分为局域块，并用 Frame 框起来，并在每个局域块内提供功能说明或标题。

④界面应支持键盘自动浏览按钮功能，即按 Tab 键的自动切换功能。

⑤同一界面上的控件数最好不要超过 10 个，多于 10 个时可以考虑使用分页界面显示。

⑥分页界面需支持在界面间的快捷切换，并可通过按钮实现。

⑦确保按钮支持 Space 键的快捷功能操作，即按 Space 键后自动执行默认按钮对应的工作。

⑧可写控件检测到非法输入后应做出相应的调整或处理。

⑨Tab 键的顺序应与控件排列顺序一致，可考虑从左到右、从上到下的排列方式。

⑩复选框和选项框应支持 Tab 键的选择功能。

5.2.2.2 规范性

①应使用相关专业术语，采用通用性字眼。

②按钮上的文字应直观的代表即将进行的操作。

③将相同或相近功能的按钮放在一起，并为每一按钮都提供及时的提示信息，以显示执行功能的开始和结束。

5.2.2.3 美观与协调性

①各按钮和文本框等的大小应保持一致，且与界面的大小和空间协调，避免使用过长的名称。

②在空旷的界面上应放置合适大小的按钮，确保放置控件后界面内没有很大的空缺位置。

③前景与背景色彩应搭配合理、协调，反差不宜太大，最好减少深色的使用，可参考常用的 Windows 界面色调。

④界面风格应保持统一，字的大小、颜色及字体要相同。

⑤窗口应支持最大化和最小化功能，窗口上的控件应随着窗口的大小变化而变化。

5.2.2.4　界面一致性

（1）显示信息一致性

①静态文本中，字体大小统一设置为 10 号，字体不加粗，左对齐。

②可编辑文本框中，字体大小统一设置为 8 号，字体不加粗，右对齐。

③主界面 4 个坐标区中，字体大小统一设置为 9.5 号，子界面中 15 个坐标区内，字体大小统一设置为 8.5 号，两端对齐。

（2）布局合理性

应注意在窗口内部所有控件的布局和信息组织的艺术性，以确保用户界面的美观性。布局既不宜过于密集，也不能过于空旷，应合理的利用空间。

在任意窗口中，按 Tab 键移动的顺序应有规律，不能杂乱无章，应遵循从左至右然后从上至下的规律。界面中首次输入的和重要信息的控件在 Tab 键顺序中应当靠前，并放置在窗口中较醒目的位置。整体布局应力求简洁、有序、易于操作。

（3）快捷键

在界面窗口中使用快捷键可以显著提升用户操作效率和便捷性。与 Windows 及其应用软件中快捷键使用保持一致的，本软件中各快捷键在各个配置项上的快捷键一览表见表 5 - 5。

表 5 - 5　快捷键一览表

快捷键	功能
Enter	打开软件
Ctrl + C	复制
Ctrl + X	剪切
Ctrl + V	粘贴
Ctrl/Alt + F4	关闭窗口/软件
Space	执行按钮的相关工作
Delete	删除

5.2.2.5　数据结构

（1）用户体验要求

①尽量减少用户输入动作的次数。

②确保信息显示和数据输入的一致性。

③支持灵活的人机交互，对键盘和鼠标输入的灵活性提供支持。

④在当前动作的环境中，禁止不合适的命令和输入数据的使用。

（2）数据输入协议

1）数据中的数据类型及名称

①载体姿态（俯仰、横滚、航向）、速度（东向速度、北向速度、天向速度，或简称东速、北速、天速）、位置（纬度、经度、高度），命名为 trj. avp，载体坐标系定义为右前上，且 trj. avp 的最后一列为采样时间。

②载体初始姿态、速度、位置（trj. avp0）。

③惯性测量单元输出（trj. imu），前三列为陀螺输出角增量，后三列为加速度计输出速度增量，载体坐标系定义为右前上，且 trj. imu 的最后一列为采样时间。

④采样时间间隔（trj. ts）。

⑤卫星导航系统数据，包括轨迹位置（trj. GPSpos）– XYZ 位置、轨迹速度（trj. GPSvn）– 东北天向速度、伪距（trj. GPSweiju）– XYZ 位置、伪距率（trj. GPSweijulv）– XYZ 速度。

2）数据单位说明

①②姿态单位为弧度（rad），速度为米每秒（m/s），位置中纬度、经度为弧度（rad），高度为米（m），时间为秒（s）。

③陀螺输出角增量为弧度（rad），加速度计输出速度增量为米每秒（m/s），IMU 的采样时间为秒（s）。

④采样时间间隔为秒（s）。

⑤轨迹位置单位为米（m），轨迹速度为米每秒（m/s），伪距单位为米（m），伪距率单位为米每秒（m/s）。

（3）数据输出格式

三种导航方式的结果数据存储顺序均为姿态（误差）、速度（误差）、位置

（误差）、时间，命名格式为 "年月日_小时_分钟_秒_数据名称及类型 . mat" 同一类数据因生成时间不同并不会发生覆盖。

5.2.2.6　实用性

本软件最基本的目标是为弹道仿真和评估提供一个方便高效的使用环境。对用户而言，最重要的是以实用为核心，摒弃不必要的功能。根据用户需求，整合以下最实用最基本的功能：组合导航数据源仿真、组合导航仿真计算、组合导航评估。

5.2.2.7　可靠性

软件可以长时间稳定运行，且运行期间不影响其他软件的运行或工作。它具备较强的兼容性和安全性，同时可以呈现任何初始条件对应的数据及图形结果，具备广泛的适用性。

5.2.2.8　先进性

①本软件每个界面的比例大小均可调整，具备较强的可操作性。

②本软件在满足生成基准弹道轨迹的同时，可通过调整各分段速度实现弹道轨迹的多样化。

5.3　软件总体方案设计

采用 MATLAB 软件仿真环境下的 GUI 界面编程，在满足功能的基础上保证软件界面清晰易懂，采用结构明确的模块化设计。软件设计为开放式，可以根据用户的需求进行功能扩展，具备较好的兼容性，适用于 Windows XP/Windows 7. 0 操作系统环境。导航评估结果可输出为 Office Word 2003/Office Word 2007/Office Word 2010 文件格式，并支持自动生成评估报告。软件还提供组合导航实测数据输入接口，通过特定协议实现数据的读取与显示。

本软件是一个能够实现组合导航仿真及性能评估的人机交互软件平台。配置参数后，该软件平台能够模拟 SINS/GNSS 组合导航系统的实时导航信息输出，按照既定方案进行自动评估，并根据不同评估内容生成相应的评估报告。

5.3.1　系统组成

本系统由 4 个子系统组成，分别为初始参数设置、信号模拟、仿真运行和性能评估系统，系统组成如图 5 – 1 所示。

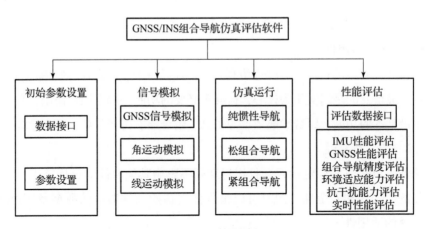

图 5-1　系统组成

5.3.2　系统数据流

系统内部子系统之间，以及与被评估对象之间的数据流如图 5-2 所示。

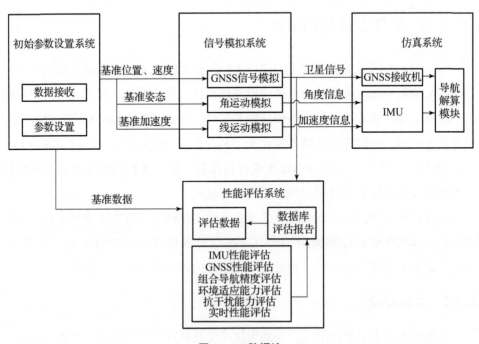

图 5-2　数据流

各子系统之间的数据流如下。

①初始参数设置系统接收数据并设置相关参数，向信号模拟系统发送基准角速度、加速度、速度、位置、姿态等理论参考数值，同时将该数据发送至性能评估系统存储，作为评估理论参考值。

②信号模拟系统接收理论参考数值，输出卫星导航信息，包括轨迹的经度、纬度、高度、速度、伪距、伪距率等激励信号。

③仿真系统在收到激励信号后进行（组合）导航，输出姿态、速度、位置及相应的误差曲线。

④性能评估系统创建新的评估任务，读取初始参数设置系统的理论参考数据及被评估对象的相关数据，按照评估算法进行评估，将结果显示输出并存入评估报告中。

5.3.3　系统工作流程

系统的工作流程如图 5 – 3 所示。

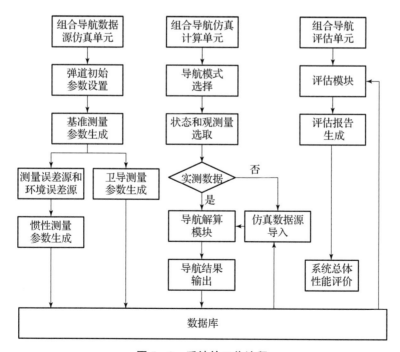

图 5 – 3　系统的工作流程

具体工作流程说明如下。

（1）组合导航数据源仿真单元

①设置仿真初始条件，得到弹道的基准轨迹并生成基准弹道测量参数，用作验证导航算法的数据源和导航解算误差的评价标准。

②设置测量误差源和环境误差源，加入弹道的 IMU 中。

③根据弹道的基准轨迹，模拟卫星导航系统的弹道测量参数，具体包括轨迹的经度、纬度、高度、速度、伪距、伪距率及卫星测量误差，作为组合导航外部传感器系统的数据源。

④将弹道的基准轨迹及测量参数和卫星导航系统的弹道测量参数存入数据库，形成仿真数据源。

（2）组合导航仿真计算单元

①选择导航模式（纯惯性导航、惯导/卫星松组合导航、惯导/卫星紧组合导航），选取状态量的维数。

②进行仿真运行，从数据库中读取仿真数据源，也可导入外部实测数据。

③使用相应导航解算方式计算导航结果数据，包括位置（经度、纬度、高度）、速度（东向速度、北向速度、天向速度）、姿态（俯仰角、横滚角）和航向角，并将其存入数据库中，同时在主界面显示误差曲线。

（3）组合导航评估单元

①从数据库中获取仿真数据源或外部实测数据，并导入评估对象 IMU 所需的测试数据；

②生成评估报告模板，用于存储各评估模块的评估数据；

③执行各评估模块（IMU 性能评估、环境适应能力评估模块、GNSS 性能评估、抗干扰能力评估、组合导航系统精度评估、实时性能评估），并将相关评估数据存入评估报告中；

④基于上述各评估模块的评估结果，对各项指标进行评价，完成系统总体性能评价。

系统的总体结构如图 5-4 所示。

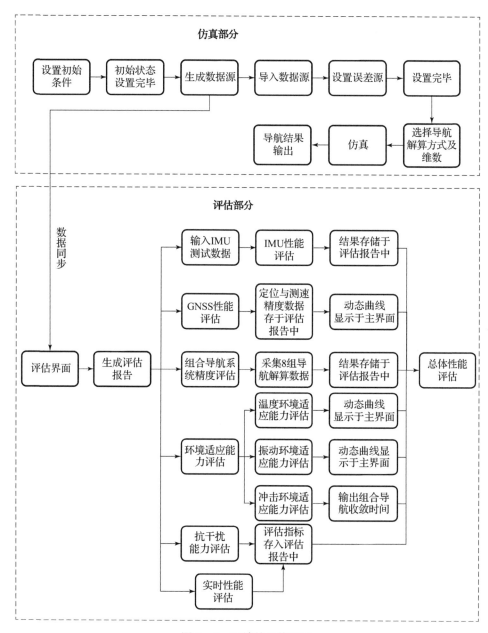

图 5 - 4　系统的总体结构

5.3.4　系统总体界面划分

组合导航仿真评估软件基于 MATLAB 的 GUI 界面制成，共设计三个界面，其中，主界面即仿真界面，实现的功能包括：生成并读取数据文件、设置初始参数及误差、导航解算及结果绘图、数据显示。子界面包括评估界面和初始轨迹速度参数设置界面。评估界面主要实现评估功能，即 IMU 性能评估、GNSS 性能评估、组合导航系统精度评估、环境适应能力评估、抗干扰能力评估及实时性能评估，并自动生成评估报告。初始轨迹速度参数设置界面可以实现弹道轨迹的多样性设置。

5.3.4.1　初始参数设置

（1）仿真数据源

基于对初始位置、速度、姿态的设置，运用基准飞行轨迹或自主设置的飞行轨迹，生成实时飞行姿态、速度、位置（trj.avp），并基于此进行反演，得到 IMU 的输出（trj.imu），同时加入测量误差源及环境误差源。

（2）实测数据源

通过对实测数据的导入，设置测量误差源及环境误差源，并将二者加入实测数据中 IMU 的输出（trj.imu）。

5.3.4.2　信号模拟

基于仿真数据源/实测数据源的理论参考值（姿态、速度、位置），生成卫星导航系统数据源，模拟卫星弹道测量参数，包括轨迹的经度、纬度、高度、速度、伪距、伪距率，并加入一定的测量误差。

5.3.4.3　仿真运行

基于弹道导弹的初始参数及加入测量误差源、环境误差源后的 IMU 文件，进行三种导航方式的解算，将得到的实时姿态、速度、位置文件（AVP 文件）及姿态、速度、位置误差文件（AVPERR 文件）离线存储，用户可自行读取，同时误差曲线显示于主界面窗口右上侧，弹道导弹的三维基准飞行轨迹及相关解算得到的飞行轨迹曲线显示于主界面窗口右侧的同一坐标区中，用于对比观看。

5.3.4.4　各模块性能评估

（1）数据同步

通过定义全局变量 global，将主界面窗口中读入的数据源及设置的初始参数、误差源同步至子界面窗口中。

（2）生成评估报告

利用 MATLAB 与 Word 的实时交互功能，生成性能评估报告和各评估模块所需存储评估数据的表格，生成顺序为：IMU 性能评估、GNSS 性能评估、组合导航系统精度评估、环境适应能力评估、抗干扰能力评估、专家打分情况、系统总体性能评价。同时，基于专家打分情况计算各评估模块的权重，并写入"系统总体性能评价"表格中。

（3）IMU 性能评估

读入 IMU 评估所需的 7 组测试数据，评估流程如下：利用速率实验数据计算陀螺仪的标度因数及安装误差（三轴正交性）；基于此以及若干组位置实验数据，求得陀螺仪、加速度计零偏、零偏重复性及加速度计的标度因数和安装误差；利用零位数据计算二者的零篇稳定性及随机游走系数；利用非线性实验数据评估陀螺仪、加计标度因数非线性及不对称度。

（4）GNSS 性能评估

进行上述数据同步后，首先进行定位精度评估。通过计算及对比接收机与基准的位置信息，得到 X、Y、Z 方向的实时位置误差、实时定位误差的均值和方差、定位误差均值、定位误差标准差、95% 概率定位精度误差，并将上述数据存入评估报告中相应的表格中。然后进行测速精度评估，评估流程及数据计算方法与"定位精度评估"相同，同时绘制测速误差曲线。

最后进行动态性能评估。在仿真计算接收机的定位结果后，对比其与轨迹标准值的差异，绘制定位误差及定位状态曲线。基于轨迹信息，绘制速度曲线、加速度曲线和加加速度曲线，并提取其中相应的最大值。上述曲线均显示于子界面左下方的"GNSS 性能评估结果曲线显示区"。

（5）组合导航系统精度评估

依次进行三种导航方式的 8 组有效数据实验采集。提取第 i 次实验第 j 个采样时刻的数据误差及相应观测值，用于进行位置精度评估、姿态和航向角精度评估、速度精度评估的相关数据计算，并将数据结果存入相应表格中。

（6）环境适应能力评估

①温度环境适应能力评估

设定惯导系统工作环境的环境温度和温度变化率，在解算过程中每分钟考虑一次温度对系统的影响，并将其加入 IMU 中。通过计算三种导航方式的仿真输出与基准轨迹的偏差，生成位置误差、速度误差、姿态误差曲线，并将其显示于子界面右侧的"组合导航误差显示区"。

②振动环境适应能力评估

设定系统工作的振动条件，将其加入 IMU 中。计算三种导航方式的仿真输出与基准轨迹的偏差，生成位置误差、速度误差、姿态误差曲线，并将其显示于子界面右侧的"组合导航误差显示区"。

③冲击环境适应能力评估

设定系统工作的冲击条件和时间：后封锯齿波 $70g$，持续时间 8 ms，次数 3次。将其加入 IMU 中，计算组合导航方式的仿真输出与轨迹的偏差，生成误差曲线，并将其显示于子界面右侧的"组合导航误差显示区"。评估纬度、经度、高度参数的恢复时间，东向速度、北向速度、天向速度的恢复时间及姿态恢复时间，将数据结果存入相应表格中。

（7）抗干扰能力评估

设定卫星信号的干扰条件，仿真计算松组合导航系统、紧组合导航系统在干扰期间，水平速度和天向速度的精度比，以及干扰消失 20 s 后速度的精度比，将数据结果存入相应表格中。

（8）实时性能评估

实时性能评估是在选定的硬件平台进行的，通过仿真得出单次组合导航解算时间，考核组合导航参数更新频率是否满足飞行实时性要求，将评估数据结果存入相应表格中。

5.3.4.5　总体性能评估

内置算法首先写入四位专家对组合导航性能评估指标体系中一层、二层指标的打分值。然后利用该分值构建子结构判断矩阵，计算一层、二层各指标的权重，并进行归一化处理。最后将权重写入"系统总体性能评价"表格中。基于计算得到的权重及各评估模块的分数，计算得到各二层指标的得分，并汇总得到最终得分。算法的实现流程如图 5 – 5 所示。

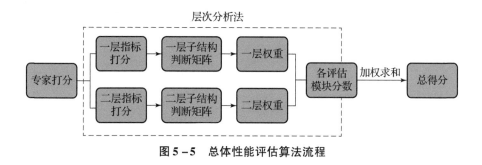

图 5-5　总体性能评估算法流程

5.4　软件模块设计

5.4.1　系统结构设计及子系统划分

软件系统可分为初始参数设置系统、信号模拟系统、仿真系统、性能评估系统四部分。

（1）初始参数设置系统

为满足组合导航数据源仿真单元的功能需求，该系统实现了以下功能：弹道导弹初始参数设置（初始姿态通过软件界面输入）、IMU 误差源设置，仿真数据的生成及读入或实测数据的读入，绘制弹道导弹三维轨迹曲线图（预计呈现在主界面左侧中上方及右侧坐标区）。界面设计包括：文本框、数据路径显示及"初始参数确认"按钮、提示信息等，以便更直观地实现该系统功能。初始参数设置系统流程如图 5-6 所示。

（2）信号模拟系统

本系统主要实现基于仿真数据或实测数据的姿态、速度、加速度等信息模拟，并生成 GNSS 数据源（轨迹经度、纬度、高度、速度、伪距、伪距率及测量误差）。这些数据与初始参数设置系统中的数据统称为组合导航数据源，并预计呈现在主界面左侧下方，其流程如图 5-7 所示。

（3）仿真系统

基于上述生成并读入的组合导航数据源，通过添加三个单选按钮、静态文本及

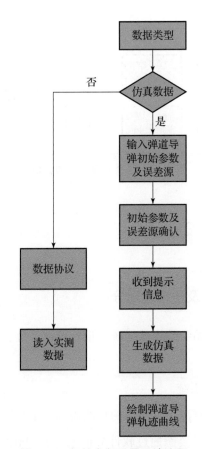

图 5 – 6　初始参数设置系统流程

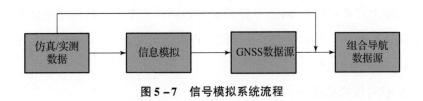

图 5 – 7　信号模拟系统流程

弹出式菜单设计一个"导航解算模式选择区"。该区域用框架（Frame）框起，呈现于界面左下角，可实现导航解算模式及状态维数的选择，即松组合导航状态15维（姿态误差、速度误差、位置误差、陀螺漂移、加速度计零偏）、18维（15维状态基础上加入杆臂）可选。同时设置"仿真"按钮，以实现相应解算，并将误差曲线及结果显示于主界面右侧的"误差曲线区"和"导航结果输出区"，流程如图 5 – 8 所示。

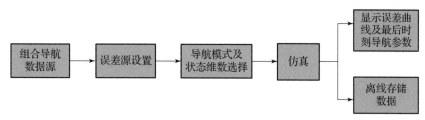

图 5 - 8　仿真系统流程

（4）性能评估系统

子界面可实现性能评估功能。该系统需要读入上述组合导航数据源或实测数据以及被评估对象（IMU）所需的测试数据，用户可通过单击"评估界面窗口"按钮来同步读入组合导航数据源或实测数据。在子界面左上方设计了一个"数据文件读取区"，用于实现 IMU 测试数据读入。软件与 Word 建立交互关系，可生成 Word 文档并写入评估数据。此外，设置了 7 个按钮及内置算法，用以实现相应评估模块的功能。完成各项评估后，软件进行系统总体性能评估，流程如图 5 - 9 所示。

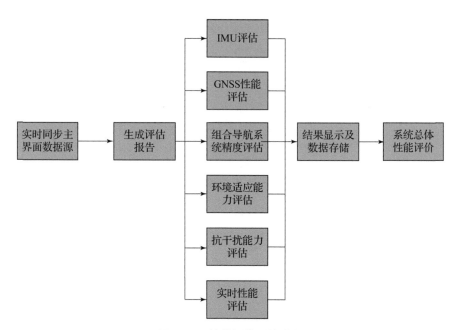

图 5 - 9　性能评估系统流程

5.4.2 软件主界面模块设计

5.4.2.1 仿真初始条件设置模块

（1）实现功能

本模块主要实现弹道导弹的初始位置（纬度、经度、高度）、速度（东速、北速、天速）及初始姿态（航向角、俯仰角、横摇角）的设置，这些设置将作为后续数据源生成及仿真过程的初始条件。

（2）设计思路

在主界面左上方设置"导航初始参数设置区"，通过设置9个文本信息及文本框完成初始条件的输入及显示，使用左对齐方式，并用 Frame 框包围该区域。用户可自行输入所需参数，单位均为标准单位：纬度（°）、经度（°）、高度（m）、速度（m/s）、姿态（°）。

5.4.2.2 惯性测量单元误差源设置模块

（1）实现功能

实现陀螺仪常值漂移、标度因数误差、角度随机游走、加速度计常值漂移、标度因数误差、失准角的设置，在仿真过程中可加入 IMU 的输出。

（2）设计思路

在主界面左侧中部区域设置"惯性测量单元误差源设置区"，该区域提供了8个文本信息及文本框用于完成 IMU 误差的设置及显示。用户可自行输入，单位均为标准单位。

5.4.2.3 组合导航系统弹道环境误差源设置模块

（1）实现功能

完成组合导航系统弹道环境误差源的设置，在仿真过程中可加入 IMU 的输出，以模拟 IMU 对环境条件的响应。

（2）设计思路

在上述两部分区域下方，通过设置两个文本框和文本信息，以及两个复选框，实现组合导航系统弹道环境误差源设置。其中，温度环境误差源对应"环境温度、温度梯度"文本框，线振动误差源对应"加入振动"复选框，冲击误差源对应"加入冲击"复选框。用户可通过输入相关参数或勾选相关复选框来完成相应弹道环境误差源设置。软件使用 Frame 框包围该模块与上一模块。

5.4.2.4 综合轨迹发生模块

（1）实现功能

基于"初始条件设置"模块及"惯性测量单元误差源设置"模块对参数的输入设置，生成弹道导弹实时的飞行轨迹及姿态，并计算 IMU 输出。这些数据可用于后续的仿真运行或被评估模块所使用。

（2）设计思路

在主界面左下方，设置"组合导航数据源生成"按钮，用于生成飞行轨迹的综合测量参数、陀螺仪通道轨迹测量输出以及加速度计通道轨迹测量输出。同时，考虑到弹道轨迹的多样性，在"数据源生成"按钮下方添加了"弹道参数设置"按钮，该按钮可用于设置导弹各分段的速度，用户可根据自身需求生成相关弹道轨迹、姿态及 IMU 输出。三维弹道导弹飞行轨迹可显示于界面右侧。

5.4.2.5 卫星导航系统数据源仿真模块

（1）实现功能

通过综合轨迹发生模块生成的基准位置信息、速度信息、姿态信息进行 GNSS 信号的模拟，并将生成的 GNSS 位置、速度、伪距、伪距率信息作为卫星导航系统的数据源，读入数据供后续紧组合导航卫星数据模型使用。

（2）设计思路

通过在主界面左下方设置"组合导航数据源生成"按钮，用于完成两部分数据源的生成及存储。同时，在主界面左上侧设置文件读取区，通过读取并显示仿真数据源/实测数据源，将数据导入系统中使用。

5.4.2.6 仿真结果显示模块

（1）实现功能

在综合轨迹发生模块生成弹道导弹飞行轨迹、姿态及测量单元输出的基础上，加载误差源，通过数字仿真验证惯性导航、松组合导航（15 维/18 维）、紧组合导航的性能，并将误差曲线及导航最终时刻的结果显示于主界面右侧。

（2）设计思路

在主界面右上侧设置四个坐标区，命名为"曲线显示区域"，显示导航解算的姿态、速度、位置误差曲线及弹道导弹三维飞行轨迹，上方两个坐标区显示姿态和速度误差，下方则显示水平位置误差及高度误差，分别用 Frame 框包围。考虑到用户查看曲线时的可调整性，在主界面添加"曲线放缩"功能，用户可自行放大或缩小曲线，也可恢复原图效果。在主界面右下侧设置 9 个文本框及文本信息，对齐方式为左对齐，将该部分区域命名为"导航输出结果区"，分别显示导航解算最后时刻的位置、速度和姿态，使用 Frame 框将区域包围，数据单位参照"导航初始参数设置区"。另外为保证曲线的更新显示，每次运行该模块，首先会清除该区域的所有曲线。

5.4.3 软件子界面模块设计

5.4.3.1 数据库读取模块

（1）实现功能

将主界面生成的综合轨迹信息（或外部实测数据）及 GNSS 模拟信号同步存储并显示于子界面中，作为每一评估部分的初始数据源使用，同时读入被评估对象 IMU 的测试数据。

（2）设计思路

通过全局变量 global 定义主界面读入的数据源，实现数据同步；在子界面左上侧设置数据库读取模块，即"数据文件读取区"（包括"IMU 数据文件路径"按钮及静态文本），使用 Frame 框包围，实现 IMU 数据的读入及路径显示。为方便用户使用，该部分算法首先加载 IMU 数据的存放路径，用户点击按钮后可直接按数据命名顺序读入数据，无须每次重复选择操作。

5.4.3.2 评估报告生成模块

（1）实现功能

按照评估单元技术要求，系统内置相关算法，生成各评估部分所需存储的数据表格模板，显示顺序为：IMU 性能评估、GNSS 性能评估、组合导航系统精度评估、环境适应能力评估、抗干扰能力评估、实时性能评估、专家打分情况、系统总体性能评价。其中"专家打分情况"即 4.3.2 节组合导航指标体系中一层、二层指标的专家打分表，同时基于专家打分表计算出一层、二层各指标的权重，并将权重写入系统总体性能评价表中。

（2）设计思路

利用 MATLAB 与 Word 的交互功能，在"数据库读取"模块下方设置"生成评估报告"按钮，使用 MATLAB 对 Word 进行实时操作，完成相关文字及表格的生成。

5.4.3.3　评估模块

（1）实现功能

同步得到主界面读入的数据源以及被评估对象 IMU 所需测试数据后，进行各个评估环节，相应的评估数据结果及权重、分值存入评估报告的对应表格中。

（2）设计思路

设置 8 个按钮，分别对应"IMU 性能评估、温度环境适应能力评估、振动环境适应能力评估、GNSS 性能评估、组合导航系统精度评估、冲击环境适应能力评估、抗干扰能力评估、实时性能评估"，内置相关算法，完成各个评估环节的评估。

（3）补充说明

在 IMU 性能评估模块中，由于读入数据次数较多，因此在读入测试数据环节，需要考虑用户可能遇到的实际操作问题。例如，用户在单击"IMU 性能评估"按钮后，不打算立刻读入数据进行 IMU 性能评估，而需转入其他评估模块的使用；或手误单击了"关闭"或"取消"按钮。这些情况下，软件应给出相关提示，以便不影响该模块及其他模块的使用。

5.4.3.4　GNSS 性能评估曲线显示模块

（1）实现功能

显示评估模块中的"GNSS 性能评估"结果曲线，依次显示 GNSS 测速误差、接收机定位误差、定位状态、速度、加速度、加加速度曲线，并将相关评估数据及速度、加速度、加加速度的最大值和分值权重存入评估报告表格中。

（2）设计思路

在子界面的左下方，即上述三个模块下侧设置"GNSS 性能评估结果曲线显示区"，用 Frame 框包围。通过设置 6 个坐标区，显示"GNSS 性能评估"结果曲线。考虑用户查看曲线时的可调整性，在子界面左上方添加"曲线放缩"按钮，用户可对曲线进行放大或缩小调整，以达到最佳的观看效果。另外，为保证曲线的更新显示，每次运行该模块，会先清除该区域的所有曲线。

5.4.3.5　组合导航误差显示模块

（1）实现功能

显示评估模块中的"温度环境适应能力评估、冲击环境适应能力评估、振动环境适应能力评估及抗干扰能力评估"的结果误差曲线。

（2）设计思路

在主界面右侧设置"组合导航误差显示区"，用 Frame 框包围。设置 9 个坐标区，分别显示纯惯性导航、松组合导航、紧组合导航的姿态误差、速度误差、位置误差曲线。

考虑用户查看曲线时的可调整性，在子界面左上方添加"曲线放缩"按钮，用户可对曲线进行放大或缩小调整，以达到最佳的观看效果。同时，为保证曲线的更新显示，每次运行该模块，会先清除该区域的所有曲线。

5.4.3.6　系统总体性能评价模块

（1）实现功能

基于专家打分表，利用层次分析法计算一层、二层各指标权重；根据上述各评估模块的评估分数，计算各指标的分数，将其汇总得到最终得分，完成系统总体性能评价。

（2）设计思路

通过设置"总体性能评估"按钮，在上述各评估模块完成相应评估后，对已存入"性能评估报告"中"系统总体性能评价"表格中的分值进行统一处理，将各个评估模块的得分加权求和，得到最终得分。

5.4.4　软件接口设计

5.4.4.1　内部接口设计

组合导航仿真评估软件内部主要由仿真初始条件设置模块、惯性测量单元误差源设置模块和组合导航系统弹道环境误差源设置模块（统一为"误差源设置模块")、仿真结果显示模块、评估模块、GNSS 性能评估曲线显示模块、组合导航误差曲线显示模块等组成，内部接口关系如图 5 - 10 所示，仿真初始条件设置模块和误差源设置模块首先会指明初始参数及误差源的数据格式（单位），而后用户便可通过该软件进行相关参数设置，并完成后续的仿真及评估。

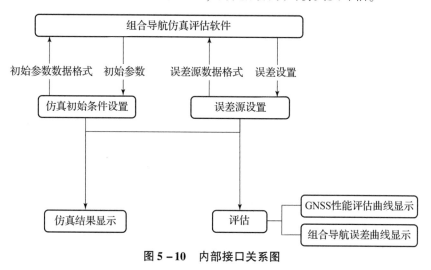

图 5 - 10　内部接口关系图

5.4.4.2　外部接口设计

组合导航仿真评估软件的外部接口主要有综合轨迹发生模块、卫星导航系统数据源仿真模块及数据库读取模块，外部接口关系如图 5 - 11 所示。

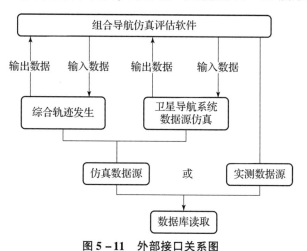

图 5 - 11　外部接口关系图

5.4.5　软件运行过程设计

组合导航仿真评估软件的运行流程设计分两部分说明，即仿真部分和评估部分，仿真部分一般有 5 个阶段，评估部分有 4 个阶段，具体说明如下。

（1）仿真部分

①初始条件设置：对弹道导弹的初始位置、速度、姿态进行设置。

②仿真数据源生成：基于初始条件，生成基准弹道轨迹或自定义弹道轨迹、IMU 输出、卫星导航系统数据。

③误差源设置：完成对 IMU 的测量误差及环境误差的设置。

④数据读入：读入上述数据生成的仿真数据源。

⑤仿真运行：把③中设置的误差源加入仿真数据源中的 IMU 输出中，通过数字仿真验证三种导航方式的性能。

补充说明：若需要读入实测数据源，可跳过环节①～③，直接进行环节④即可。

仿真部分的运行如图 5 – 12 所示。

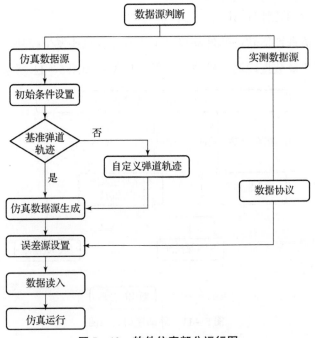

图 5 – 12　软件仿真部分运行图

（2）评估部分

①数据库读取：读入仿真数据源或实测数据源，以及 IMU 评估所需测试数据。

②生成评估报告：生成各评估部分所需存储的数据表格模板，显示顺序为"IMU 性能评估""GNSS 性能评估""组合导航系统精度评估""环境适应能力评估""抗干扰能力评估""实时性能评估""专家打分情况""系统总体性能评价"。

③各评估模块的执行：用户可按照自己的意愿进行各个评估模块的执行，无固定先后顺序。

④系统总体性能评价：基于专家打分表，利用层次分析法计算一层、二层各指标权重；通过上述各评估模块的评估分数，计算各指标的分数，汇总得到最终得分，完成系统总体性能评价。

评估部分的运行如图 5 – 13 所示。

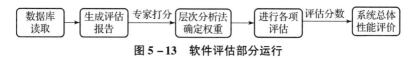

图 5 – 13　软件评估部分运行

5.5　软件开发结果

按照软件设计完成组合导航仿真评估软件的开发。组合导航仿真评估软件主界面和子界面如图 5 – 14 和图 5 – 15 所示。

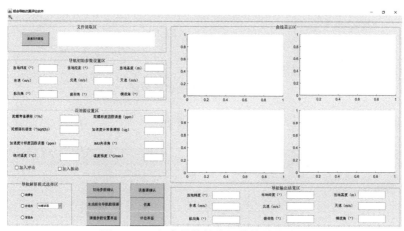

图 5 – 14　组合导航仿真评估软件主界面

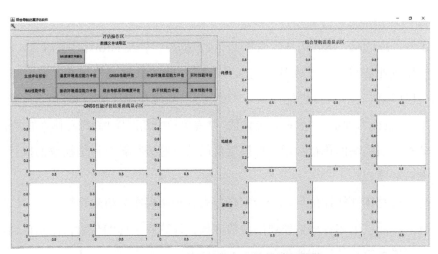

图 5 – 15　组合导航仿真评估软件子界面

初始参数设置界面如图 5 – 16 所示。

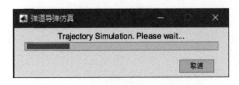

图 5 – 16　初始参数设置界面

数据源生成界面如图 5 – 17 ～ 图 5 – 19 所示。

图 5 – 17　数据源生成进度条显示　　**图 5 – 18　数据源生成完毕提示**

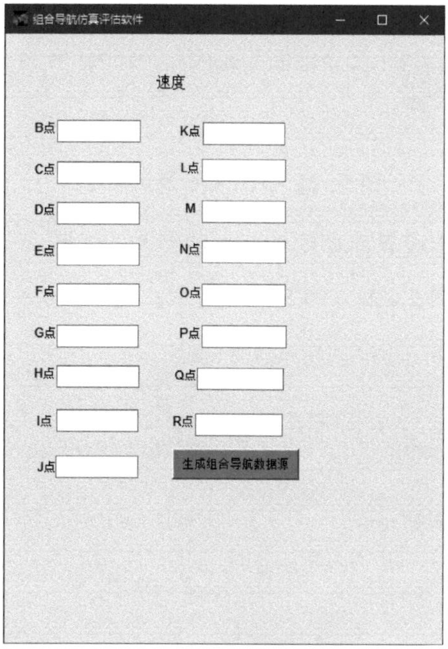

图 5 – 19　弹道参数设置

数据源读入界面如图 5 – 20 和图 5 – 21 所示。

图 5 – 20　数据源读入

图 5 – 21　数据路径及名称显示

误差参数的设置生成界面如图 5 – 22 和图 5 – 23 所示。

仿真功能界面如图 5 – 24 ~ 图 5 – 29 所示。

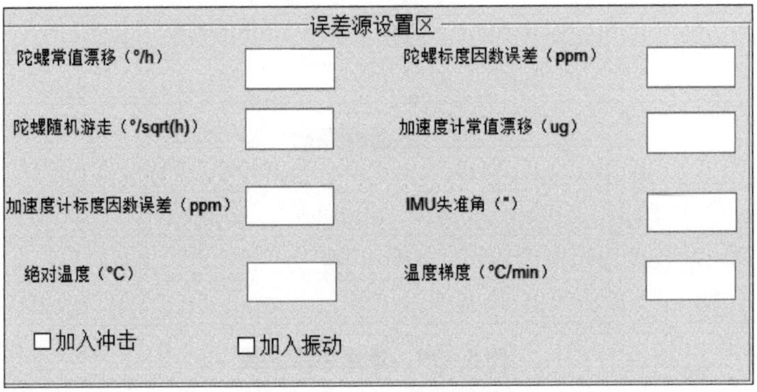

图 5 – 22　误差源设置区

图 5 – 23　误差源设置成功提示

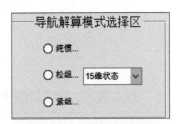

图 5 – 24　导航解算模式区

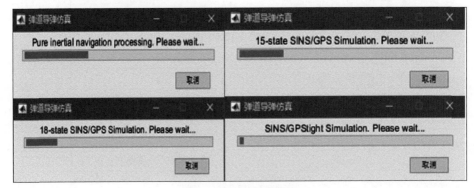

图 5 – 25　仿真进度条

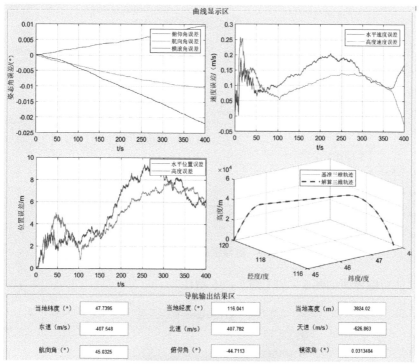

图 5 - 26　仿真结果显示

图 5 - 27　曲线操作按钮

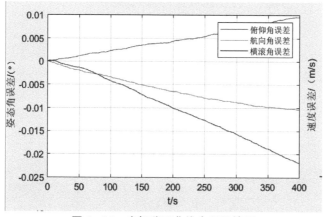

图 5 - 28　光标移至曲线内显示情况

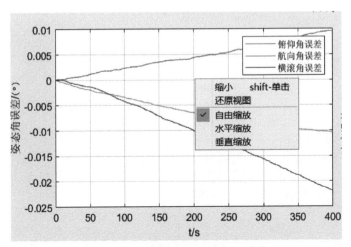

图 5 – 29　选择图形放大或缩小功能

评估功能界面如图 5 – 30 ~ 图 5 – 35 所示。

图 5 – 30　评估数据读取区

图 5 – 31　数据选择对话框

图 5 − 32　IMU 数据读入完毕提示　　　　　图 5 − 33　中断 IMU 数据读入的提示

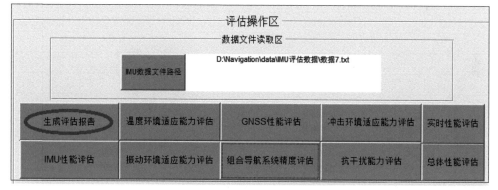

图 5 − 34　按钮位置示意图

图 5 − 35　评估报告生成完毕提示

第6章

弹载环境下组合导航性能评估试验

6.1 数学仿真试验

6.1.1 数据源的生成

数字仿真验证通过开发的组合导航仿真评估软件完成。组合导航默认数据源仿真单元是按轨迹定义进行的数据反演，仿真条件见表6-1和表6-2。

表6-1 轨迹初始参数

序号	参数	指标	单位
1	初始纬度	45.0	(°)
2	初始经度	120.0	(°)
3	初始速度	0	m/s
4	初始方位	45.0	(°)
5	初始高度	0	m
6	轨迹时间	400.0	s
7	轨迹步长	0.01	s

表 6 - 2　仿真轨迹定义

总时间/s	时间段/s	运动方式	速度/ (m·s⁻¹)	姿态角/(°)		
				俯仰角	横滚角	方位角
300	300	静止（初始对准）	0.0	43.69	0	45
300.24	0.24	匀加速	35.56	43.69	0	45
300.35	0.11	俯仰下压、匀加速	57.52	43.22	0	45
300.59	0.24	俯仰下压、匀加速	107.0	42.21	0	45
304.09	1.75	俯仰下压、匀加速	485.24	39.27	0	45
305.54	0.6	俯仰下压、匀加速	619.88	38.8	0	45
307.35	1.81	俯仰下压、匀加速	892.75	37.76	0	45
312.48	5.13	俯仰下压、匀加速	1 695.4	35.89	0	45
314.28	0.18	俯仰下压、匀加速	1 731.11	35.84	0	45
315.28	1.54	俯仰下压、匀加速	1 687.35	35.44	0	45
316.76	0.94	俯仰下压、匀减速	1 641.0	35.18	0	45
323.48	6.72	俯仰下压、匀减速	1 436.53	33.12	0	45
337.76	14.28	俯仰下压、匀减速	1 272.0	27.94	0	45
369.05	31.29	俯仰下压、匀减速	1 130.4	4.23	0	45
572.54	203.54	匀速	1 130.4	4.23	0	45
636.78	64.24	俯仰下压、匀减速	1 127.21	-17.79	0	45
672.9	36.12	俯仰下压、匀减速	1 217.1	-33.96	0	45
700.0	27.1	俯仰下压、匀减速	842.48	-44.72	0	45

　　自定义轨迹的数据源包括 400 s 的 IMU 惯性数据、基准轨迹数据、轨迹初始数据、仿真步长、卫星位置数据、卫星速度数据、卫星伪距数据以及卫星伪距率数据。

　　图 6 - 1 为反演基准轨迹的姿态角曲线，其中，俯仰角曲线、航向角曲线以及横滚角曲线均与设定的姿态角数值相匹配。图 6 - 2 为反演基准轨迹的速度变化曲线，分别显示了东向速度、北向速度、高度速度以及三个方向的合速度。其中合速度与设定的速度值相匹配。图 6 - 3 为反演基准轨迹的三维位置曲线。说明组合导航数据源仿真单元符合相关要求。

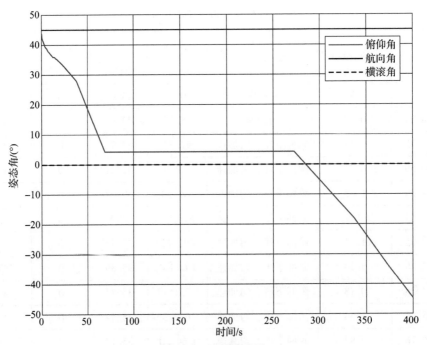

图 6-1 姿态角曲线

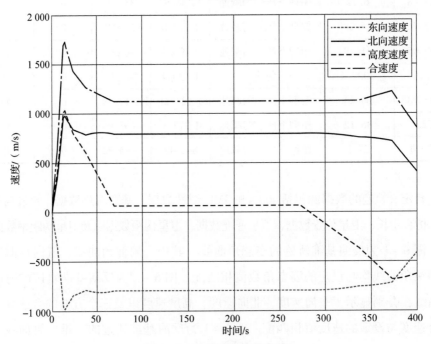

图 6-2 轨迹速度变化曲线

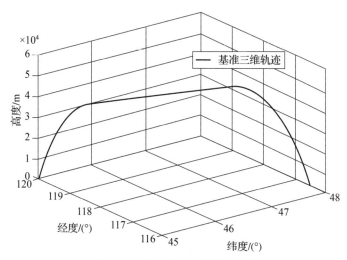

图 6 - 3　基准轨迹三维位置曲线

6.1.2　组合导航数字仿真试验

组合导航数据源仿真单元主要为组合导航仿真计算提供仿真数据。该单元包括弹道仿真约束条件输入模块、测量误差源生成模块、环境条件生成模块、惯性导航数据源输出模块。

（1）误差参数设置

误差源的测试条件见表 6 - 3。按照表中所列出的技术指标对 IMU 添加误差，其中初始温度设置为 25 ℃，温度梯度设置为 0（（°）/min）。

表 6 - 3　测量误差定义

通道	技术指标	技术要求	备注
陀螺仪	精度	0.1	（°）/h
	标度因数误差	50	ppm
	随机游走	0.03	（°）/$\sqrt{h}$
加速度计	精度	100	μg
	标度因数误差	200	ppm
IMU	失准角	30	（″）

（2）惯性导航试验

纯惯性导航解算模式运行结果如图 6 – 4 所示，曲线显示区分别显示了实时的姿态角误差（°）、速度误差（m/s）、位置误差（m）以及基准三维轨迹和解算三维轨迹。导航输出结果区显示导航解算的终点位置速度姿态信息。从图 6 – 4 可以看出，纯惯性导航解算的位置以及速度误差随时间累积不断变大，这符合纯惯性导航解算模式的特性，纯惯性导航模式不适合单独用于长时间导航。

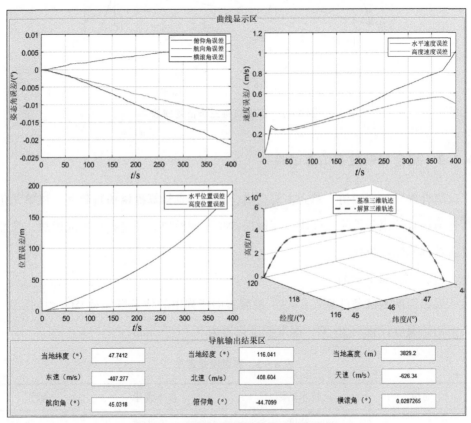

图 6 – 4　纯惯性导航解算模式运行结果

纯惯性各导航参数的均方根误差（root mean square error，RMS）统计值见表 6 – 4。可以看出，纯惯性导航系统的俯仰角误差、横滚角误差以及航向角误差都非常小，其中俯仰角误差达到了 0.004 3°，远远优于设定的角误差要求。水平速度误差、高度速度误差分别为 0.546 8 m/s、0.414 0 m/s。水平位置误差和高度位置误差分别为 91.538 7 m、7.893 0 m。

表 6－4　纯惯性导航系统误差统计值

统计类型	俯仰角误差/(°)	横滚角误差/(°)	航向角误差/(°)	水平速度误差/(m·s⁻¹)	高度速度误差/(m·s⁻¹)	水平位置误差/m	高度位置误差/m
RMS	0.004 3	0.011 5	0.005 7	0.546 8	0.414 0	91.538 7	7.893 0
MEAN	0.003 8	−0.010 1	−0.006 6	0.501 5	0.395 9	74.251 8	7.386 3

（3）松组合导航试验

15 维松组合和 18 维松组合导航解算模式运行结果分别如图 6－5 和图 6－6 所示，图中分别显示了实时的姿态角误差（°）、速度误差（m/s）、位置误差（m）以及基准三维轨迹和解算三维轨迹。导航输出结果区显示了导航解算的终点位置、速度、姿态。

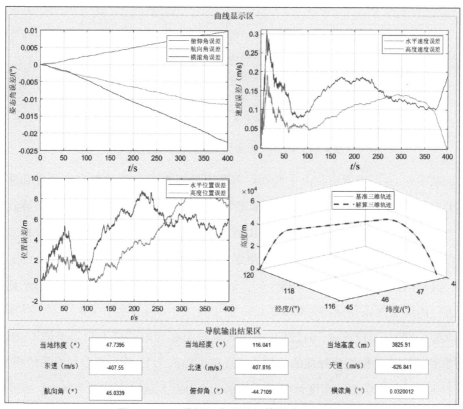

图 6－5　15 维松组合导航解算模式运行结果

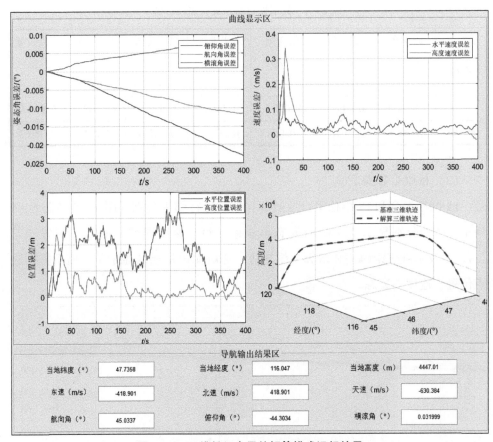

图 6 – 6　18 维松组合导航解算模式运行结果

从图 6 – 6 可以看出，由于惯性误差源以及卫星误差源的存在，位置和速度误差曲线虽然在小范围内波动，但都是收敛的。同时，15 维松组合导航模式和 18 维松组合导航模式参数的各误差 RMS 值统计见表 6 – 5 和表 6 – 6。分析表格可以看出，15 维松组合各导航俯仰角误差、横滚角误差以及航向角误差都非常小，其中俯仰角误差达到了 0.005 6°，远远优于设定的角误差要求。其水平速度误差、高度速度误差分别为 0.152 1 m/s、0.115 5 m/s。水平位置误差、高度位置误差分别为 5.911 5 m、5.221 8 m。18 维松组合导航的姿态角误差同 15 维的误差相当，18 维松组合导航的位置、速度精度略高于 15 维松组合导航系统模型。其中，水平速度误差、高度速度误差分别为 0.060 5 m/s、0.047 8 m/s；水平位置误差、高度位置误差分别为 1.731 9 m、0.831 1 m。

表 6-5　15 维松组合导航系统误差统计值

统计类型	俯仰角误差/(°)	横滚角误差/(°)	航向角误差/(°)	水平速度误差/(m·s⁻¹)	高度速度误差/(m·s⁻¹)	水平位置误差/m	高度位置误差/m
RMS	0.005 6	0.011 5	0.005 7	0.152 1	0.115 5	5.911 5	5.221 8

表 6-6　18 维松组合导航系统误差统计值

统计类型	俯仰角误差/(°)	横滚角误差/(°)	航向角误差/(°)	水平速度误差/(m·s⁻¹)	高度速度误差/(m·s⁻¹)	水平位置误差/m	高度位置误差/m
RMS	0.005 6	0.011 5	0.005 7	0.060 5	0.047 8	1.731 9	0.831 1

（4）紧组合导航试验

紧组合导航解算模式运行结果如图 6-7 所示，图中分别显示了实时的姿态

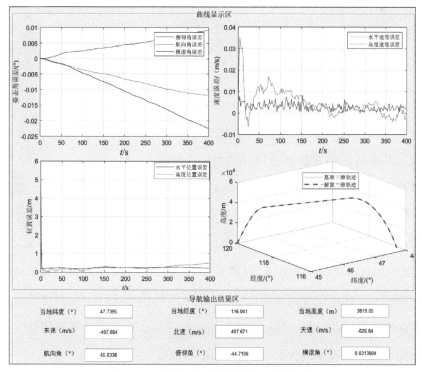

图 6-7　紧组合导航解算模式运行结果

角误差（°）、速度误差（m/s）、位置误差（m）以及基准三维轨迹和解算三维轨迹。导航输出结果区显示导航解算的终点位置、速度、姿态。

由图6-7可以看出，紧组合的位置、速度精度非常高，位置误差均小于1 m，也满足水平位置误差小于8 m、高度位置误差小于10 m的技术要求。其速度误差均小于0.03 m/s，远远小于技术要求中规定的0.2 m/s，而且位置、速度误差曲线比较稳定，没有出现较大范围的波动。紧组合各导航参数的误差RMS值统计见表6-7。其中俯仰角误差、横滚角误差以及航向角误差的精度同其他导航解算方式基本相当，位置精度以及速度精度有明显提高。其中，水平速度误差、高度速度误差分别为0.003 2 m/s、0.006 6 m/s，水平位置误差、高度位置误差分别为0.158 0 m、0.211 1 m，位置误差已经达到了厘米级的定位精度。

表6-7　紧组合导航系统误差统计值

统计类型	俯仰角误差/（°）	横滚角误差/（°）	航向角误差/（°）	水平速度误差/（m·s⁻¹）	高度速度误差/（m·s⁻¹）	水平位置误差/m	高度位置误差/m
RMS	0.005 2	0.011 5	0.005 7	0.003 2	0.006 6	0.158 0	0.211 1

（5）加入冲击后三种导航模式测试

加入冲击后三种导航解算模式运行结果如图6-8~图6-11所示，纯惯性导航系统误差统计值如表6-8~表6-11所示。从运行结果可以看出，加入冲击对纯惯性导航模式的水平速度精度以及水平位置精度造成的影响最大。纯惯性导航模式的水平速度误差由未加入冲击时的0.546 8 m/s增加到5.006 5 m/s，高度速度误差由0.414 0 m/s增加到5.437 8 m/s；水平位置误差由91.538 7 m增加到1 452.599 1 m，高度位置误差由7.893 0 m增加到104.489 0 m。具体原因在于冲击发生在导弹发射的时刻，同时纯惯性导航解算模式具有误差累积的特性，因此导致后期导航解算误差极大。

15维松组合导航模式的速度误差和位置误差在加入冲击后变得较大，冲击消失后误差逐渐收敛至正常状态。加入冲击后，15 维松组合导航模式的最大水平速度误差达到 14.771 8 m/s，最大高度速度误差达到 14.134 9 m/s。15 维松组合导航模式的最大水平位置误差为 118.315 4 m，最大高度位置误差为 168.388 2 m。冲击消失后，通过卡尔曼滤波算法不断地对导航结果进行反馈校正，15 维松组合导航模式的误差逐渐收敛至正常状态。对比未加入冲击的 15 维松组合导航模式，水平速度误差由 0.152 1 m/s 增加到 2.327 7 m/s，高度速度误差由 0.115 5 m/s 增加到 2.949 1 m/s；水平位置误差由 5.911 5 m 增加到 39.557 8 m，高度位置误差由 5.221 8 m 增加到 70.609 8 m。从以上数据可知，各项导航参数误差均有明显的增加，说明冲击对 15 维松组合导航模式的影响也比较大。

18 维松组合导航模式的速度误差和位置误差在加入冲击后同样变得较大，冲击消失后误差逐渐收敛至正常状态。加入冲击后，18 维松组合导航模式的最大水平速度误差达 12.780 3 m/s，最大高度速度误差达 13.802 6 m/s。18 维松组合导航模式的最大水平位置误差为 86.700 4 m，最大高度位置误差为 103.351 3 m。冲击消失后，通过卡尔曼滤波算法不断地对导航结果进行反馈校正，18 维松组合导航模式的误差逐渐收敛至正常状态，对比未加入冲击的 18 维松组合导航模式，水平速度误差由 0.060 5 m/s 增加到 1.542 7 m/s，高度速度误差由 0.047 8 m/s 增加到 2.739 3 m/s；水平位置误差由 1.731 9 m 增加到 38.402 9 m，高度位置误差由 0.831 1 m 增加到 27.295 2 m。

加入冲击后紧组合导航模式的速度误差迅速增大，冲击消失后速度误差逐渐减小。冲击消失后，通过卡尔曼滤波算法不断地对导航结果进行反馈校正，紧组合导航模式的误差逐渐收敛至正常状态。对比未加入冲击的紧组合导航模式，其水平速度误差由 0.003 2 m/s 增加到 0.037 4 m/s，高度速度误差由 0.006 6 m/s 增加到 0.188 6 m/s；水平位置误差由 0.158 0 m 增加到 2.595 7 m，高度位置误差由 0.211 1 m 增加到 2.660 3 m。加入冲击后，紧组合导航模式依然能够提供较高的导航精度，这是因为紧组合利用了卫星的伪距和伪距率信息，并将其与惯导数据融合进行卡尔曼滤波；卫星与惯性导航结合得更加紧密，从而显著提升了导航精度。

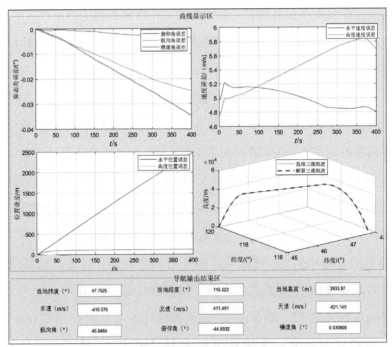

图6-8　加入冲击后纯惯性导航解算模式运行结果

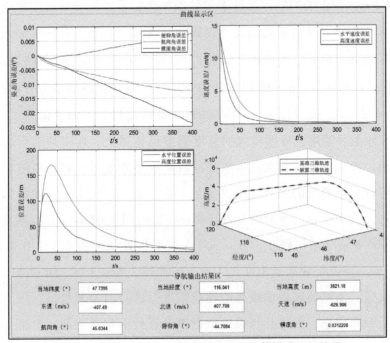

图6-9　加入冲击后15维松组合导航解算模式运行结果

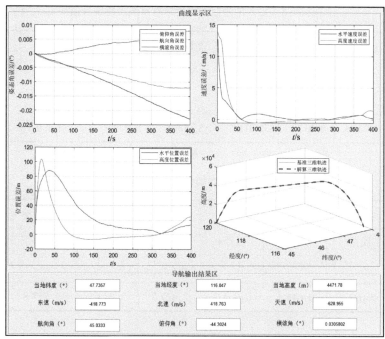

图 6 – 10　加入冲击后 18 维松组合导航解算模式运行结果

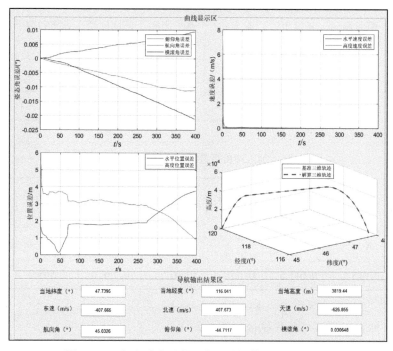

图 6 – 11　加入冲击后紧组合导航解算模式运行结果

表 6 - 8　加入冲击后纯惯性导航系统误差统计值

统计类型	俯仰角误差/(°)	横滚角误差/(°)	航向角误差/(°)	水平速度误差/(m·s⁻¹)	高度速度误差/(m·s⁻¹)	水平位置误差/m	高度位置误差/m
RMS	0.002 0	0.017 2	0.011 5	5.006 5	5.437 8	1 452.599 1	104.489 0

表 6 - 9　加入冲击后 15 维松组合导航系统误差统计值

统计类型	俯仰角误差/(°)	横滚角误差/(°)	航向角误差/(°)	水平速度误差/(m·s⁻¹)	高度速度误差/(m·s⁻¹)	水平位置误差/m	高度位置误差/m
RMS	0.003 7	0.011 5	0.005 7	2.327 7	2.949 1	39.557 8	70.609 8

表 6 - 10　加入冲击后 18 维松组合导航系统误差统计值

统计类型	俯仰角误差/(°)	横滚角误差/(°)	航向角误差/(°)	水平速度误差/(m·s⁻¹)	高度速度误差/(m·s⁻¹)	水平位置误差/m	高度位置误差/m
RMS	0.004 7	0.011 5	0.005 7	1.542 7	2.739 3	38.402 9	27.295 2

表 6 - 11　加入冲击后紧组合导航系统误差统计值

统计类型	俯仰角误差/(°)	横滚角误差/(°)	航向角误差/(°)	水平速度误差/(m·s⁻¹)	高度速度误差/(m·s⁻¹)	水平位置误差/m	高度位置误差/m
RMS	0.005 7	0.011 5	0.005 7	0.037 4	0.188 6	2.595 7	2.660 3

（6）加入振动后三种导航模式测试

加入振动后三种导航模式测试结果如图 6 - 12 ~ 图 6 - 15 所示，误差统计值见表 6 – 12 ~ 表 6 ~ 15。从运行结果可以看出，加入振动后，三种导航解算模式运行结果在水平速度精度以及水平位置精度方面都会受到影响。

加入振动后，纯惯性导航模式的水平速度误差由未加入振动的 0.546 8 m/s 增加到 0.955 2 m/s，高度速度误差由 0.414 0 m/s 增加到 0.523 5 m/s；水平位置误差由 91.538 7 m 增加到 136.202 0 m，高度位置误差由 7.893 0 m 增加到 10.167 1 m。振动施加在导弹发射的前 300 s，导致每次惯导解算的误差都会比未加入振动更大，同时纯惯性导航解算模式具有误差随时间累积的特性，因此各参数的 RMS 统计值也会变大。

加入振动后，15 维松组合导航模式的位置、速度精度有所下降，对比未加入振动的松组合导航模式，水平速度误差由 0.152 1 m/s 增加到 0.286 1 m/s，高度速度误差由 0.115 5 m/s 增加到 0.125 0 m/s；水平位置误差由 5.911 5 m 增加到 12.144 9 m，高度位置误差由 5.221 8 m 增加到 5.637 3 m。可见除水平位置误差外，振动对 15 维松组合导航模式的其他导航参数影响比较小，说明所设计的卡尔曼滤波器的鲁棒性比较强。

加入振动后，18 维松组合导航模式的位置、速度精度也有所下降，对比未加入振动的 18 维松组合导航模式，水平速度误差由 0.060 5 m/s 增加到 0.086 6 m/s，高度速度误差由 0.047 8 m/s 增加到 0.065 6 m/s；水平位置误差由 1.731 9 m 增加到 2.128 1 m，高度位置误差由 0.831 1 m 增加到 1.157 7 m。可见，振动对 18 维松组合导航模式的导航参数影响比较小，所设计的卡尔曼滤波器对 18 维松组合导航模式状态量的估计比较准确。

加入振动后，紧组合导航模式的位置、速度精度也有所下降，对比未加入振动的紧组合导航模式，水平速度误差由 0.003 2 m/s 增加到 0.026 9 m/s，高度速度误差由 0.006 6 m/s 增加到 0.057 0 m/s；水平位置误差由 0.158 0 m 增加到 0.387 8 m，高度位置误差由 0.211 1 m 增加到 0.226 9 m。可见，紧组合导航模式对振动的适应能力比较强。

综上所述，无论是否加入振动，紧组合都表现出了非常高的定位测速精度，卡尔曼滤波器不仅对状态量估计准确，而且具有较强的鲁棒性。

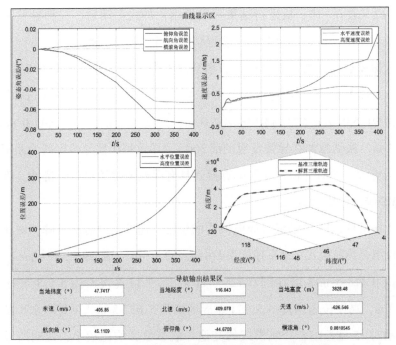

图 6 - 12　加入振动后纯惯性导航解算模式运行结果

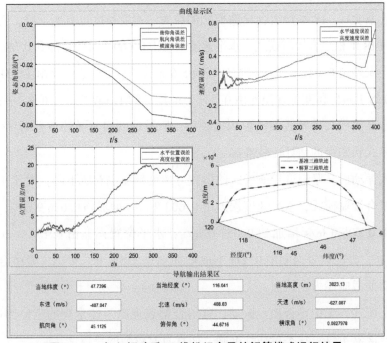

图 6 - 13　加入振动后 15 维松组合导航解算模式运行结果

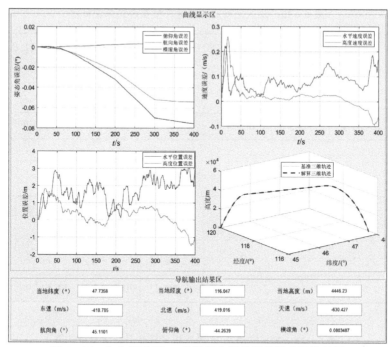

图 6 – 14　加入振动后 18 维松组合导航解算模式运行结果

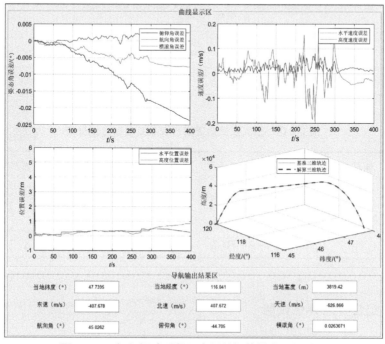

图 6 – 15　加入振动后紧组合导航解算模式运行结果

表 6 – 12　加入振动后纯惯性导航系统误差统计值

统计 类型	俯仰角 误差/ (°)	横滚角 误差/ (°)	航向角 误差/ (°)	水平速度 误差/ (m·s⁻¹)	高度速度 误差/ (m·s⁻¹)	水平位置 误差/ m	高度位置 误差/ m
RMS	0.003 9	0.045 8	0.034 4	0.955 2	0.523 5	136.202 0	10.167 1

表 6 – 13　加入振动后 15 维松组合导航系统误差统计值

统计 类型	俯仰角 误差/ (°)	横滚角 误差/ (°)	航向角 误差/ (°)	水平速度 误差/ (m·s⁻¹)	高度速度 误差/ (m·s⁻¹)	水平位置 误差/ m	高度位置 误差/ m
RMS	0.003 4	0.045 8	0.033 8	0.286 1	0.125 0	12.144 9	5.637 3

表 6 – 14　加入振动后 18 维松组合导航系统误差统计值

统计 类型	俯仰角 误差/ (°)	横滚角 误差/ (°)	航向角 误差/ (°)	水平速度 误差/ (m·s⁻¹)	高度速度 误差/ (m·s⁻¹)	水平位置 误差/ m	高度位置 误差/ m
RMS	0.004 3	0.045 3	0.033 2	0.086 6	0.065 6	2.128 1	1.157 7

表 6 – 15　加入振动后紧组合导航系统误差统计值

统计 类型	俯仰角 误差/ (°)	横滚角 误差/ (°)	航向角 误差/ (°)	水平速度 误差/ (m·s⁻¹)	高度速度 误差/ (m·s⁻¹)	水平位置 误差/ m	高度位置 误差/ m
RMS	0.005 0	0.011 5	0.005 7	0.026 9	0.057 0	0.387 8	0.226 9

6.1.3　组合导航评估试验

采用已开发的组合导航仿真评估软件，使用测试数据进行仿真，误差源的设置同仿真设置，完成 IMU 性能评估、GNSS 性能评估、组合导航系统精度评估、温度环境适应能力评估、振动环境适应能力评估、冲击环境适应能力评估以及抗干扰能力评估。

（1）IMU 性能评估

在评估操作区读取 IMU 转台试验数据，生成评估报告模板，然后按照各项评估模块进行性能评估。

IMU 的角速度通道评估结果见表 6 – 16，加速度通道评估结果见表 6 – 17。IMU 性能评估主要评估陀螺和加速度计 $X/Y/Z$ 三通道的性能指标，指标包括零偏、零偏稳定性、随机游走系数、标度因数、标度因数不对称性、标度因数非线性度、三轴正交性、零偏重复性。

表 6 – 16　角速度通道评估结果

轴向	零偏/ $((°)·h^{-1})$	零偏 稳定性/ $((°)·h^{-1})$	随机游走 系数/ $((°)·h^{-1/2})$	标度 因数/ ppm	标度 因数 非线性 度/ppm	标度 因数 不对称性/ ppm	三轴 正交性/ (″)	零偏 重复性/ $((°)·h^{-1})$
X	− 0.041 9	0.002	0.000 9	822.423 7	6.314 7	3.157 1	0.001 1	0.002
Y	− 0.006 1	0.002 1	0.000 8	822.826 5	6.311 6	3.157 1	0.000 5	0.002 1
Z	− 0.036 5	0.001 8	0.005 3	821.699	6.311 6	3.157 1	0.001 8	0.001 8

表 6 – 17　加速度通道评估结果

轴向	零偏/ $10^{-6}g$	零偏 稳定性/ $10^{-3}g$	随机游走 系数/ $(10^{-6}·Hz^{-1/2})$	标度 因数/ ppm	标度 因数 非线性 度/ppm	标度 因数 不对称性/ ppm	三轴 正交性/ (″)	零偏 重复性/ $10^{-3}g$
X	− 54.844 5	0.111 1	0.111 6	− 662.160 7	3.792 4	1.937 7	0.001	0.111 1
Y	− 19.081 9	0.049 2	0.194 5	− 663.133 1	3.791 4	1.937 7	0.001 3	0.049 2
Z	− 9.61	0.118 8	0.145 7	663.115 6	3.796 3	1.937 7	0.001 5	0.118 8

（2）GNSS 性能评估

GNSS 性能评估包括 PVT 精度评估和动态性能评估两部分。GNSS 性能评估结果如图 6-16 所示，图中显示了实时的速度误差、定位误差、位置状态、速度状态、加速度和加加速度。

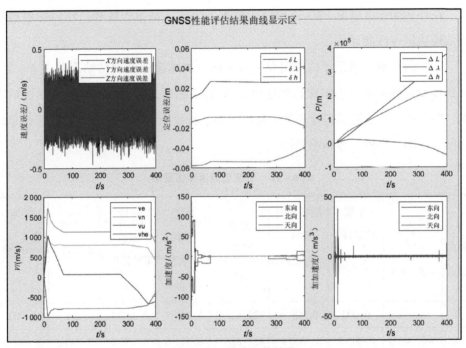

图 6-16　性能评估结果

在卫星数据源生成过程中，速度分量加入了随机高斯分布误差，因此速度误差曲线如图 6-16 所示。从定位误差曲线可以看出，位置误差比较平稳，没有出现大范围波动的情况。位置状态曲线显示了导弹飞行过程中的实时位置变化量。速度状态曲线分别显示了导弹飞行过程中实时的速度变化过程，包括东向速度、北向速度、天向速度以及合速度。加速度曲线分别显示了导弹飞行过程中实时的加速度变化过程，包括东向加速度、北向加速度、天向加速度。加加速度曲线分别显示了导弹飞行过程中实时的加加速度变化过程，包括东向加加速度、北向加加速度、天向加加速度。

表 6-18 为定位精度评估结果，分别统计了 X 方向定位误差均值、Y 方向定位误差均值、Z 方向定位误差均值、X 方向定位误差方差、Y 方向定位误差方差、

Z 方向定位误差方差、定位误差均值 ep、定位误差标准差 sp 和 95% 概率定位精度误差。表 6 – 19 为速度精度评估结果，分别统计了 X 方向测速误差均值、Y 方向测速误差均值、Z 方向测速误差均值、X 方向测速误差方差、Y 方向测速误差方差、Z 方向测速误差方差、测速误差均值 ev、测速误差标准差 sv、95% 概率测速精度误差。表 6 – 20 为动态性能评估结果，分别统计了导弹飞行过程中的速度最大值、加速度最大值、加加速度最大值，分别为 1 724.766 7 m/s、156.566 7 m/s²、71.777 0 m/s³。

表 6 – 18　定位精度评估结果

误差类型	X 方向定位误差均值/m	Y 方向定位误差均值/m	Z 方向定位误差均值/m	X 方向定位误差方差/m²	Y 方向定位误差方差/m²	Z 方向定位误差方差/m²	定位误差均值 ep/m	定位误差标准差 sp/m	95% 概率定位精度误差/m
位置误差	0.617 9	0.752 0	0.801 9	0.977 8	1.454 0	1.647 2	1.261 0	2.019 7	5.300 4

表 6 – 19　速度精度评估结果

误差类型	X 方向测速误差均值/(m·s⁻¹)	Y 方向测速误差均值/(m·s⁻¹)	Z 方向测速误差均值/(m·s⁻¹)	X 方向测速误差方差/(m·s⁻¹)²	Y 方向测速误差方差/(m·s⁻¹)²	Z 方向测速误差方差/(m·s⁻¹)²	测速误差均值 ev/(m·s⁻¹)	测速误差标准差 sv/(m·s⁻¹)	95% 概率测速精度误差/(m·s⁻¹)
测速误差	0.079 7	0.080 0	0.080 3	0.016 4	0.016 4	0.016 5	0.138 5	0.221 9	0.582 4

表 6 – 20　动态性能评估结果

评估类型	速度最大值/(m·s⁻¹)	加速度最大值/(m·s⁻²)	加加速度最大值/(m·s⁻³)
动态性能评估	1 724.766 7	156.566 7	71.777 0

（3）组合导航系统精度评估结果

组合导航参数精度评估主要包括位置、速度和姿态精度评估。通过比较基准导航参数与组合导航解算参数，参考国家军用标准《惯性 – 卫星组合导航系统通用规范》（GJB 3183A—2018）、《惯性导航系统精度评定方法》（GJB 729—1989），数据处理采用均方根误差评定方法，系统精度评估采用的有效试验次数为8次，单次仿真连续运行时间为 400 s，系统仿真输出解算间隔时间不大于 10 ms。组合导航系统精度评估结果见表 6 – 21，分别统计了纯惯性、松组合、紧组合导航模式的评估结果。评估指标包括圆概率误差半径、高程概率误差、横滚误差RMS、俯仰误差 RMS、航向误差 RMS、东向速度误差 RMS、北向速度误差 RMS、天向速度误差 RMS。

表 6 – 21　组合导航系统精度评估结果

导航方式	圆概率误差半径/（′）	高程概率误差/m	横滚误差RMS/（′）	俯仰误差RMS/（′）	航向误差RMS/（′）	东向速度误差RMS/(m·s⁻¹)	北向速度误差RMS/(m·s⁻¹)	天向速度误差RMS/(m·s⁻¹)
纯惯性误差评估值	0.009 5	7.138 8	0.007 8	0.005 2	0.013 5	0.161 6	0.559 7	0.423 9
松组合误差评估值	0.000 8	3.783 8	0.007 6	0.005 3	0.012 5	0.067 1	0.113 6	0.109 1
紧组合误差评估值	2.1e – 05	0.299 970	0.007 946	0.006 071	0.013 407	0.003 400	0.001 500	0.006 600

对表 6 – 21 组合导航系统精度评估结果的分析可以看出，圆概率误差半径、高程概率误差、东向速度误差 RMS、北向速度误差 RMS、天向速度误差 RMS 均

呈现出紧组合优于松组合，松组合优于纯惯性的特点，特别是在位置和速度精度上紧组合的优势尤为明显。横滚误差 RMS、俯仰误差 RMS、航向误差 RMS 在三种组合方式下都很小，基本一致。

（4）温度环境适应能力评估结果

设定系统工作环境的温度为 60℃、温度梯度为 – 10（℃/min），每分钟更新一次温度对组合导航的影响。仿真组合导航系统输出，计算组合导航系统的仿真输出与基准轨迹的偏差。

温度环境适应能力运行结果如图 6 – 17 所示，图中显示了实时的速度误差、位置误差和姿态角误差。其中纯惯性导航解算的水平终点误差达到了 200 m，高度终

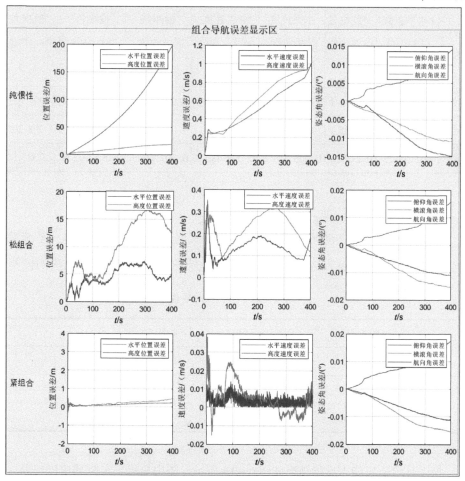

图 6 – 17　温度环境适应能力运行结果

点误差在 20 m 左右，水平终点速度误差与高度终点速度误差都是 1.0 m/s；松组合导航解算的水平终点误差为 5 m，高度终点误差在 12 m 左右，水平终点速度误差为 0.2 m/s，高度终点速度误差为 0.12 m/s；紧组合导航解算的水平终点误差和高度终点误差在 1 m 以内，水平终点速度误差和高度终点速度误差为 0.01 m/s 左右。可以看出，在温度误差影响下，依旧是紧组合精度高于松组合精度，松组合精度高于纯惯性精度，进一步体现了紧组合导航解算的优越性。表 6 - 22 为各导航系统精度误差评估结果。

表 6 - 22　温度环境适应能力评估结果

导航方式	水平位置误差均值/m	高度位置误差均值/m	水平速度误差均值/(m·s⁻¹)	高度速度误差均值/(m·s⁻¹)	俯仰角误差均值/(°)	横滚角误差均值/(°)	航向角误差均值/(°)
纯惯性	77. 817	17. 387 1	0. 521 73	0. 597 89	0. 005 928 1	0. 006 131 4	0. 008 025 8
松组合	4. 597 6	10. 025 7	0. 131 78	0. 224 36	0. 006 021 8	0. 006 356	0. 008 305 1
紧组合	0. 139 22	0. 218 27	0. 003 561 6	0. 007 486 7	0. 007 714 6	0. 005 993 9	0. 008 418 5

（5）振动环境适应能力评估

设定系统工作的振动条件见表 6 - 23，仿真组合导航系统的输出，系统精度评估方法采用绝对精度方法，计算组合导航系统的仿真输出与基准轨迹的偏差。

表 6 - 23　随机振动条件

频率/Hz	功率谱密度/(g^2 · Hz⁻¹)
20 ~ 80	按 3 dB/oct 上升
80 ~ 350	0. 04
350 ~ 2 000	按 - 3 dB/oct 下降

振动环境适应能力运行结果如图 6 - 18 所示，图中显示了实时的速度误差、位置误差和姿态角误差。其中纯惯性导航解算的水平终点误差达到了 250 m，高度终

点误差在 20 m 左右，水平终点速度误差为 1.3 m/s，高度终点速度误差为 0.8 m/s；松组合导航解算的水平终点误差为 10 m，高度终点误差在 15 m 左右，水平终点速度误差为 0.2 m/s，高度终点速度误差为 0 m/s；紧组合导航解算的水平终点误差和高度终点误差在 1 m 以内，水平终点速度误差和高度终点速度误差在 0.02 m/s 以内。可以看出，在振动误差影响下，依旧是紧组合精度高于松组合精度、松组合精度高于纯惯性精度，进一步体现了紧组合导航解算的优势。

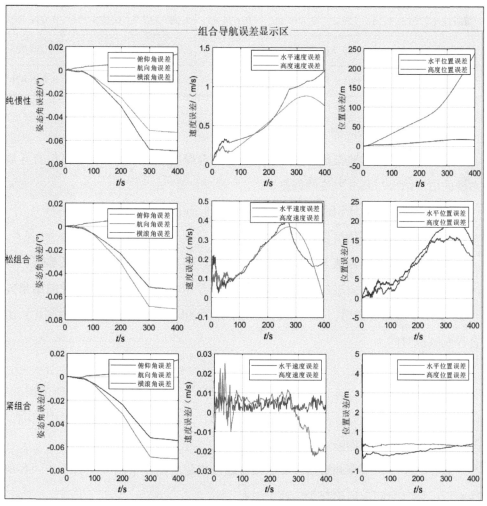

图 6-18　振动环境适应能力运行结果

表 6-24 为导航系统精度误差评估结果，分别统计了水平位置误差均值、高度位置误差均值、水平速度误差均值、高度速度误差均值、俯仰角误差均值、横滚角误差均值、航向角误差均值。

表 6-24　振动环境适应能力评估

导航方式	水平位置误差均值/m	高度位置误差均值/m	水平速度误差均值/(m·s⁻¹)	高度速度误差均值/(m·s⁻¹)	俯仰角误差均值/(°)	横滚角误差均值/(°)	航向角误差均值/(°)
纯惯性	77.131 9	18.329 2	0.668 11	0.624 85	0.007 117 9	0.028 251	0.034 181
松组合	11.428 9	10.083 7	0.292 37	0.201 78	0.005 436 6	0.027 341	0.034 725
紧组合	0.162 06	0.190 5	0.005 612 2	0.011 595	0.005 305 9	0.026 77	0.036 476

（6）冲击环境适应能力评估

设定系统工作的冲击条件和时间，仿真组合导航的输出参数，计算组合导航系统的仿真结果与基准轨迹的偏差。

①冲击条件：后峰锯齿波 70g；持续时间 8 ms；次数 3 次。

②技术要求：评估组合导航参数（位置、速度、姿态和航向）的恢复时间。

③系统收敛时间评估方法：以位置、速度、姿态等精度指标为收敛界限，在环境条件变化结束后，进入组合导航状态收敛开始时刻计时 t_s，组合导航结果连续 50 帧小于收敛界限时，第一帧进入收敛界限的时间为滤波器收敛时刻 t_e，组合导航收敛时间为

$$t_v = t_e - t_s$$

冲击环境适应能力运行结果如图 6-19 所示，图中显示了实时的速度误差、位置误差和姿态角误差。从误差曲线可以看出，冲击会使组合导航的位置速度误差变大，冲击消失后误差逐渐收敛。

表 6-25 为松组合和紧组合导航系统精度恢复时间评估结果，紧组合的各项性能指标恢复时间比松组合少一些。

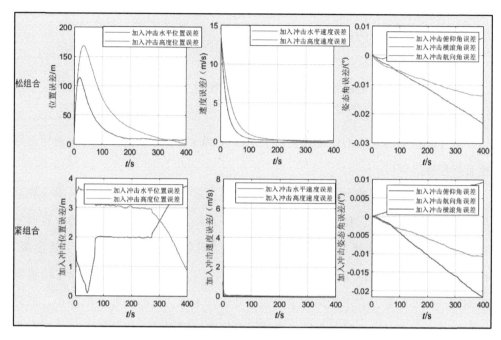

图 6 – 19　冲击环境适应能力运行结果

表 6 – 25　冲击环境适应能力评估结果

导航方式	纬度参数恢复时间/s	经度参数恢复时间/s	高度参数恢复时间/s	东向速度参数恢复时间/s	北向速度参数恢复时间/s	天向速度参数恢复时间/s	俯仰角参数恢复时间/s	横滚角参数恢复时间/s	航向角参数恢复时间/s
松组合	221.7	181.4	302.3	132.3	152.3	210.5	12.5	0.1	0.7
紧组合	0.78	1.92	2.34	16.92	4.22	12.68	0.28	0.24	0.02

（7）抗干扰能力评估

抗干扰能力评估主要考核在卫星信号受到干扰情况下，组合导航系统对外部干扰的判断能力，以及受到干扰后导航精度在指标要求范围内保持一定工作时间的能力。在 200 ~ 230 s 之间人为加入对卫星数据的干扰，然后分别运行松组合和紧组合导航解算模式,评估松组合和紧组合各自对干扰的适应能力。

评估抗干扰能力的指标如下。

①系统对干扰的反应时间:不大于 1 s。

②系统受到干扰后的精度保持能力:受到干扰 30 s 后,系统的速度精度不超出组合导航速度精度的 3 倍。

③干扰消失后系统的恢复能力:干扰消失 20 s 后,系统速度精度收敛到正常组合导航速度精度。

抗干扰环境适应能力运行结果如图 6-20 所示,图中分别显示了松组合和紧组合的实时速度误差、位置误差及姿态角误差。松组合导航解算模式的位置误差在 200~230 s 之间迅速变大,误差曲线呈现尖峰状。230 s 之后卫星干扰消失,松组合的位置误差逐渐变小直至收敛到 10 m 以内。速度误差曲线呈现与位置误差曲线一样的趋势,在干扰期间速度误差变大,干扰消失后误差逐渐变小,最终收敛至 0.2 m/s 以内。紧组合导航解算模式位置速度误差曲线的特性与松组合类似。在卫星信号没有被干扰时,其位置和速度的误差均很小且非常稳定,位置误

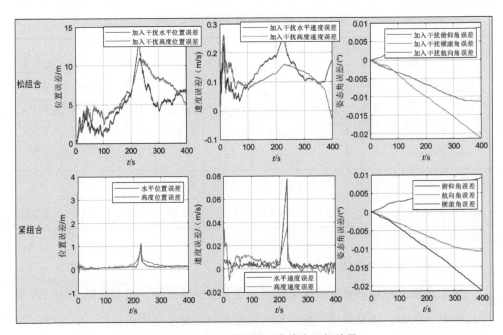

图 6-20　抗干扰环境适应能力运行结果

差在 0.5 m 以内波动，速度误差在 0.02 m/s 以内波动。在卫星信号被干扰时，位置速度会迅速变大，曲线尖峰特性非常明显，其中水平位置误差达到了 1 m，水平速度误差在 0.08 m/s 以内。

表 6-26 为松组合与紧组合导航系统精度恢复时间的评估结果。将松组合测试结果与评估指标相比，在干扰期间其速度精度优于设定指标，干扰消失后其速度精度近似等于无干扰时的速度精度。将紧组合测试结果与评估指标相比，干扰期间其速度精度低于设定指标，原因是卫星信号无干扰期间速度精度过高，干扰消失后其速度精度近似等于无干扰时的速度精度。

表 6-26　抗干扰能力评估

导航方式	系统对干扰的反应时间/s	干扰期间水平速度精度比	干扰期间高度速度精度比	干扰消失 20 s 后水平速度精度比	干扰消失 20 s 后高度速度精度比
松组合	0	1.385 2	1.082 4	1.272 7	0.949 17
紧组合	0	14.294 8	6.118	0.992 84	1.013 2

（8）实时性能评估

实时性能评估在选定的硬件平台进行，通过仿真得出单次组合导航解算时间，并考核组合导航参数更新频率是否满足飞行实时性要求。单击"实时性能评估"按钮，系统依次运行 15 维状态、18 维状态、紧组合三种组合导航解算程序，并统计三种导航方式的各自运行时间，然后将这些运行时间与仿真导航输出参数更新周期进行比较。若导航解算时间小于仿真导航输出参数的更新时间，则认为导航参数更新频率满足飞行实时性要求。

表 6-27 为三种组合导航系统实时性能的评估结果，单次组合导航解算时间分别为 0.000 244 32 s、0.000 303 03 s 和 0.000 219 61 s，仿真导航输出参数更新周期分别为 0.1 s、1.0 s 和 0.02 s。由于仿真采用的是 MATLAB 的 M 语言，对于循环的运行效率比 C 语言低很多，大概是 C 语言效率的 1/10，工程化后的导航参数更新频率完全可以满足飞行实时性要求。

表 6 - 27　实时性能评估

导航方式	单次组合导航 解算时间/s	仿真导航输出 参数更新周期/s	是否满足飞行 实时性要求
15 维松组合	0.000 244 32	0.1	是
18 维松组合	0.000 303 03	1.0	是
紧组合	0.000 219 61	0.02	是

（9）系统总体性能评价结果

基于专家打分情况（表 6 - 28），利用层次分析法计算一层、二层各项指标权重，并通过一致性检验，根据上述各评估模块的评估结果，计算评估分数，汇总得到最终得分，完成系统总体性能评价，得到的结果如表 6 - 29 所示，系统总体性能评价最终得分为 91.238 7 分。

表 6 - 28　专家打分表

层次	打分项	专家一 打分	专家二 打分	专家三 打分	专家四 打分
一层	IMU 性能	85	95	90	95
	GNSS 性能	80	88	85	85
	组合导航性能	90	92	90	95
	环境适应能力	85	85	85	95
	抗干扰能力	85	90	80	95
	实时性能	90	88	87	93
二层	陀螺零偏	85	95	93	95
	陀螺标度因数	75	88	85	90
	加速度计零偏	80	95	93	95
	加速度计标度因数	70	88	85	90
	IMU 正交性	85	90	90	87
	PVT 精度	90	90	90	87

续表

层次	打分项	专家一打分	专家二打分	专家三打分	专家四打分
二层	动态性能	90	85	88	95
	组合导航位置精度	90	92	95	95
	组合导航速度精度	90	90	92	95
	组合导航姿态精度	95	90	90	95
	温度环境适应能力	90	85	88	90
	振动环境适应能力	90	90	90	90
	冲击环境适应能力	95	88	88	90
	系统对干扰的反应时间	90	85	90	90
	精度保持能力	90	90	90	95
	系统恢复能力	95	92	95	90
	15 维状态松组合导航实时性能	85	87	90	84
	18 维状态松组合导航实时性能	88	83	94	89
	紧组合实时性能	90	92	99	96

表 6 – 29　系统总体性能评价

一层	一层权重	二层	二层权重	评估分数	计算得分
IMU 性能评估	0.171 52	陀螺零偏	0.208 9	93.658 4	3.355 9
		陀螺标度因数	0.192 92	85.498 7	2.829 2
		加速度计零偏	0.207 19	94.491 4	3.358 0
		加速度计标度因数	0.190 07	84.239 8	2.746 3
		IMU 正交性	0.200 91	88.881 4	3.063 0

一层	一层权重	二层	二层权重	评估分数	计算得分
GNSS 性能评估	0.158 83	PVT 精度	0.499 3	89.607 8	7.106 5
		动态性能	0.500 7	90.376 5	7.187 5
组合导航系统精度评估	0.172 46	组合导航位置精度	0.335 44	94.086 4	5.442 9
		组合导航速度精度	0.330 93	92.711 6	5.291 3
		组合导航姿态精度	0.333 63	93.493 1	5.379 5
环境适应能力评估	0.164 47	温度环境适应能力	0.328 68	89.370 1	4.831 2
		振动环境适应能力	0.335 2	95.055 5	5.240 5
		冲击环境适应能力	0.336 13	91.086 4	5.035 6
抗干扰能力评估	0.164 47	系统对干扰的反应时间	0.325 09	88.75	4.745 4
		精度保持能力	0.334 25	92.444 7	5.082 2
		系统恢复能力	0.340 66	93.990 2	5.266 2
实时性能评估	0.168 23	15 维状态松组合实时性能	0.321 26	87.327 6	4.719 8
		18 维状态松组合实时性能	0.328 69	89.596 4	4.954 4
		紧组合实时性能	0.350 05	95.149 1	5.603 3
最终得分			91.238 7		

■ 6.2　环境性能试验

6.2.1　卫星导航单点定位组合导航精度验证

在室外空旷场地，将惯性/卫星组合导航系统基准单元固定在车辆上，连接好其供电、通信接口以及卫星接收天线。确保接收机正常定位后，完成初始对准，转导航成功后启动车辆，使车辆平均速度达到 50 km/h（±10 km/h），持续行驶 1.5 h。通过上位机软件接收遥测数据，然后运行 MATLAB 绘制采集数据的信息，获得数据精度。

具体方法如下。

①将被测惯导和基准系统安装在试验车辆工装板上，确保两个系统方向一致。

②基准系统通电，进行后处理试验数据的保存。

③将被测惯导连接好电缆和天线，给惯导通电，进行单点定位组合导航，完成对准后，试验车辆自由行驶 2.4 h，保持车辆平均速度为 60 km/h，行驶过程中记录导航数据。

④车辆行驶路线尽量保持一个方向单向行驶，接近一个舒勒周期 84 min 后再返回。

⑤利用后处理软件处理基准系统数据，获取高精度的航姿、速度和位置信息，利用基准系统和惯导的时间标志进行同步比较，统计位置精度。

试验测试现场如图 6-21 所示。

导航轨迹曲线及其水平位置误差如图 6-22 所示。可以看出车辆行驶路线是一个大回环，其中单程行进时间超过了舒勒周期 84.4 min，可以规避舒勒周期对导航性能评估的影响，车辆行驶结果可以全面描述单点定位组合导航的精度。

从图 6-22 中位置误差曲线可以看到，统计的均方根误差约为 0.5 m，满足

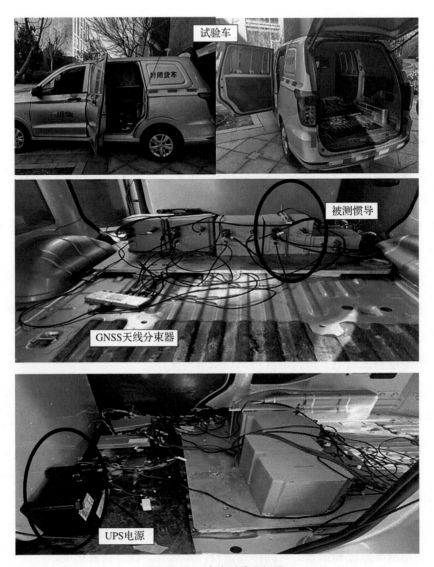

图 6 – 21　试验测试现场图

精度要求。误差曲线中出现的水平位置误差最大值约为 9 m，主要是由于车辆在转弯时组合导航滤波振荡收敛过程引起的。这种转弯机动有助于加速实现惯导系统误差的在线标校，提升 GNSS 缺失工况下的纯惯导性能。

导航速度及其速度误差曲线如图 6 – 23 所示。由速度曲线可以看出行车过程存在频繁加减速和转弯，可以实现高动态环境下对精度的充分验证。

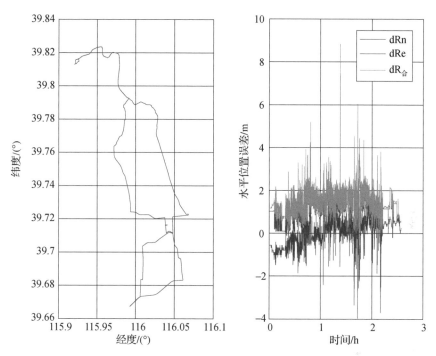

图 6-22　被测惯导水平位置误差（单点定位组合）（附彩插）

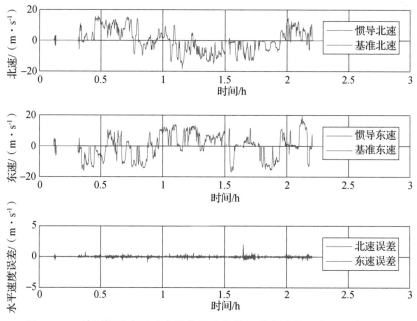

图 6-23　被测惯导水平速度及其误差曲线（单点定位组合）（附彩插）

导航姿态及其误差曲线如图 6 – 24 ~ 图 6 – 26 所示。从航向角误差曲线可以

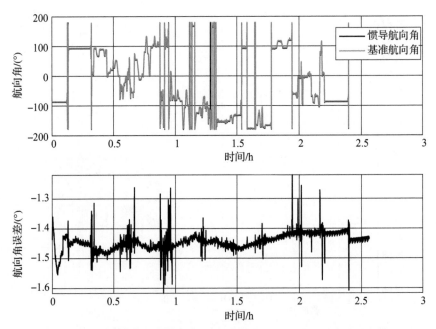

图 6 – 24 被测惯导与基准系统航向角及其误差曲线（单点定位组合）

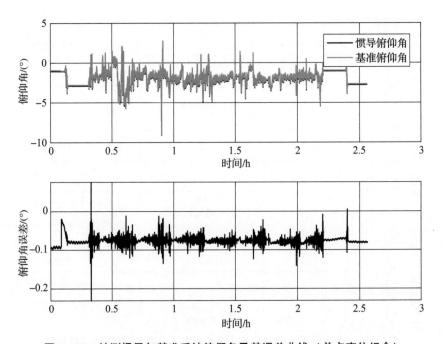

图 6 – 25 被测惯导与基准系统俯仰角及其误差曲线（单点定位组合）

看出，其航向角误差的绝对值约为 1.45°，这主要是由于被测惯导和高精度参考基准之间存在安装偏差导致的。由于安装偏差符合小角度近似条件，因此其误差可以直接通过航向角输出作差进行评价。下述 GNSS 单点定位组合过程中，航向误差和姿态误差均体现为误差振荡幅度值，其中心值反映了固定的安装偏差。

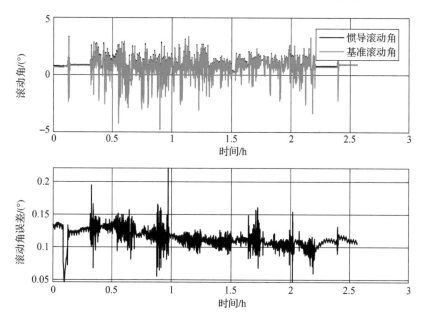

图 6 - 26　被测惯导与基准系统滚动角及其误差曲线（单点定位组合）

此外在前 0.1 h 即 6 min，由于惯导均在对准阶段，所以观察到了明显的航向角误差和姿态角误差的振荡现象；对准完成后，其误差中心值稳定保持在一个固定值，其振荡均方根值分别为航向角 0.043°，俯仰角 0.008°，横滚角 0.007°。

综上所述，GNSS 单点定位组合导航精度统计值见表 6 - 30，测试结果表明被测惯导各性能均满足协议要求。

表 6 - 30　被测惯导车载单点定位组合导航精度统计值

	水平位置误差/	速度误差/(m·s⁻¹)（1σ）		航姿误差/(°)（1σ）		
	m（CEP）	北速	东速	航向	俯仰	滚动
统计	0.511	0.076	0.087	0.043	0.008	0.007
要求	1.2	0.1	0.1	0.05	0.01	0.01

6.2.2 卫星导航 RTK 定位组合导航精度验证

在室外空旷场地，将惯性/卫星组合导航系统基准单元固定在车辆上，连接好其供电、通信接口以及卫星接收天线。确保接收机实时动态差分技术（real - time kinematic，RTK）正常定位后，完成初始对准，转导航成功后起动车辆，使车辆速度达到 50 km/h（±10 km/h），持续行驶 1.5 h，通过上位机软件接收遥测数据，然后运行 MATLAB 绘制采集数据的信息，获得数据精度。

具体方法如下。

①将被测惯导和基准系统安装在试验车辆工装板上，确保两个系统方向一致。

②基准系统通电，进行后处理试验数据的保存。

③将被测惯导连接好电缆、天线、RTK 基站和流动站，给惯导通电，进行 RTK 定位组合导航，完成对准后，试验车辆自由行驶不少于 1.5 h，保持车辆速度为 50 km/h（±10 km/h），行驶过程中记录导航数据。

④利用后处理软件处理基准系统数据，获取高精度的航姿、速度和位置信息，利用基准系统和惯导的时间标志进行同步比较，统计位置精度。

导航轨迹曲线及其水平位置误差统计结果如图 6-27 所示，可以看出车辆行驶路线是一个回环。从水平位置误差曲线可以看到，统计的均方根误差约 0.017 8 m，满足精度要求。误差曲线中出现的水平位置误差最大值约为 0.5 m，主要是由于车辆在转弯时组合导航滤波振荡收敛过程引起的。收敛过程可以在转弯机动时发生并可加速实现惯导系统误差的在线标校，以提升 GNSS 缺失工况下的纯惯导性能。

导航速度及其速度误差曲线如图 6-28 所示。由速度曲线可以看出，行车过程存在频繁加减速和转弯，可以实现高动态环境下对精度的充分验证。此外，速度误差曲线振荡较大的时间段主要出现在加减速和转弯过程中，这都体现了通过机动提升组合导航误差可观测性过程中，需要通过振荡完成误差的收敛和优化。

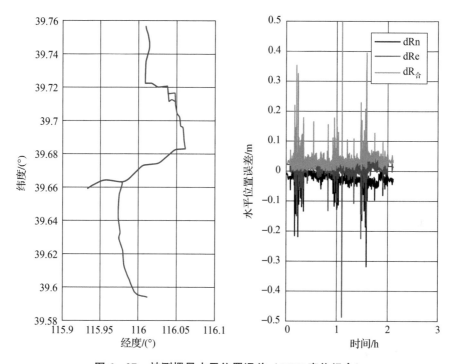

图 6 – 27　被测惯导水平位置误差（RTK 定位组合）

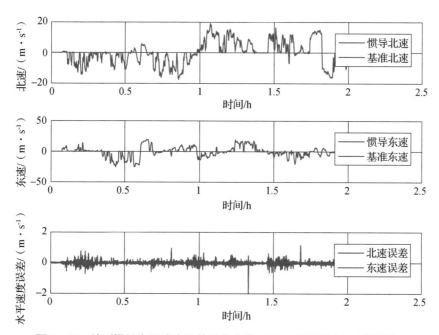

图 6 – 28　被测惯导水平速度及其误差曲线（RTK 定位组合）（附彩插）

导航姿态及其误差曲线如图 6 – 29 ~ 图 6 – 31 所示。从航向角误差曲线可以看出，其航向角误差的绝对值约为 0.1°，这主要是由于被测惯导和高精度参考基准之间存在安装偏差导致的。由于安装偏差符合小角度近似条件，因此其误差可以

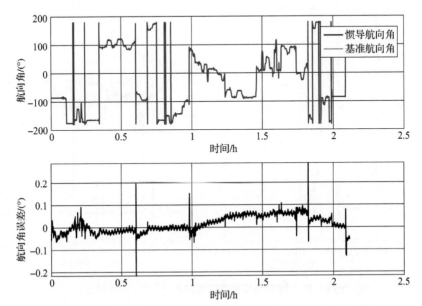

图 6 – 29 被测惯导与基准系统航向角及其误差曲线（RTK 定位组合）

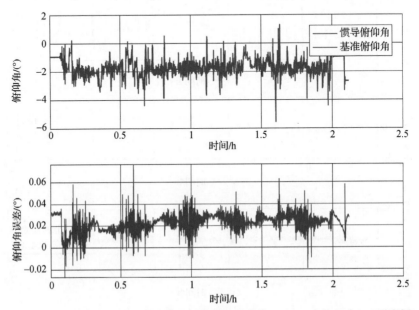

图 6 – 30 被测惯导与基准系统俯仰角及其误差曲线（RTK 定位组合）（附彩插）

直接通过航向角输出作差进行评价。下述 RTK 定位组合过程中，航向误差和姿态误差均体现为误差振荡幅度值，其中心值反映了固定的安装偏差。

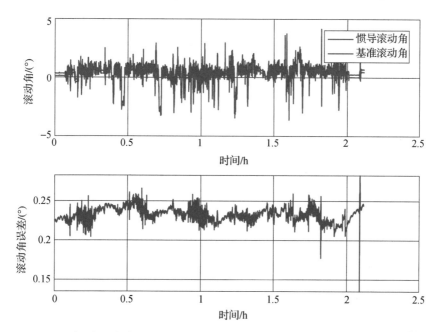

图 6 – 31　被测惯导与基准系统滚动角及其误差曲线（RTK 定位组合）（附彩插）

由图 6 – 29 可知，在大角度转弯过程中，观察到了航向角误差振荡的极大值。这主要是由于被测惯导与参考基准姿态信息之间未能实现完全的时间同步。对于两套相对独立的惯导来说，其时间同步是通过卫星导航板的秒脉冲信号进行的，理论上这种同步可以达到 10^{-6} s 级别的精度。但是，由于惯性器件的采样率较低，其对时方式又是通过内部采样中断时间实现的，导致对时精度受到采样周期的限制。因此，对时误差只能保证在一个导航周期内，以被测惯导导航周期为 10 ms 为例，当转弯速度为 10°/s 时，其时间差引起的方位误差为 0.1°。

此外，航向角误差曲线表现出小周期波动，主要是由于 RTK 组合相比单点定位组合，其对航向角误差的可观测性增强，呈现出了旋转调制振荡残差。姿态角误差曲线和航向角误差曲线中心值稳定保持在一个固定值，其振荡均方根值分别为航向角 0.023°，俯仰角 0.007°，横滚角 0.007°。可以看出，RTK 组合导航精度优于单点定位组合精度，这都得益于高精度位置信息对姿态误差可观测性的增强。

综上所述，RTK 组合导航精度统计值见表 6 – 31，测试结果表明该被测惯导各性能均满足协议要求。

表 6 – 31   被测惯导车载 RTK 定位组合导航精度统计值

	水平位置误差/ m（CEP）	速度误差/(m·s⁻¹)（1σ）		航姿误差/(°)（1σ）			符合性
		北速	东速	航向	俯仰	滚动	
统计	0.0178	0.072	0.084	0.023	0.007	0.007	符合
要求	0.02	0.1	0.1	0.05	0.01	0.01	
备注：基准系统导航结果与惯导导航结果同步后作差，统计差值的均方根值。							

6.2.3   GNSS 失效 1 h 位置精度和速度精度验证

在室外空旷场地，将惯性/卫星组合导航系统基准单元固定在车辆上，连接好其供电、通信接口以及卫星接收天线。确保接收机正常定位后，完成初始对准，转导航成功后起动车辆，导航系统正常运行，车辆在道路上正常行驶（可适当做简单的加减速、变道和正常的超车动作），车辆行驶过程中手动进行软件操作，使卫星信号失锁 60 min，再恢复卫星信号重新定位，通过上位机软件接收遥测数据，然后运行 MATLAB 绘制采集数据的信息，获得数据精度。

①将被测惯导和基准系统安装在试验车辆工装板上，确保两个系统方向一致。

②基准系统通电，进行后处理试验数据的保存。

③将被测惯导连接好电缆和天线，给惯导通电，进行 RTK 定位组合导航，完成对准后，试验车辆自由行驶约 0.5 h 后，操作软件使卫星信号失锁 4 h，行驶过程中记录导航数据。

④利用后处理软件处理基准系统数据，获取高精度的航姿、速度和位置信息，利用基准系统和惯导的时间标志进行同步比较，统计位置精度。

导航轨迹曲线及其水平位置误差统计结果如图 6 – 32 所示。可以看出车辆行驶路线没有形成回环，可避免回环导致纯惯性精度评估准确性受到影响。由于是纯惯性导航，所以参考基准系统导航路线与被测惯导导航路线存在一定程度偏差。在进入纯惯性导航模式以后，可以看到位置误差出现了明显的舒勒振荡现象，而且随着惯导工作时间的增长，其绝对定位误差也逐渐发散。

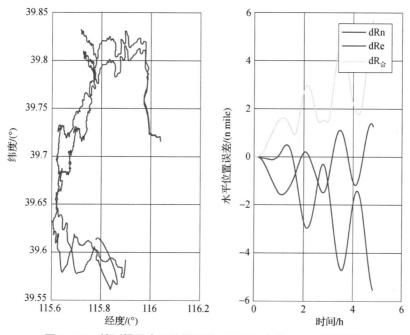

图 6 - 32　被测惯导水平位置误差（GNSS 失效 1 h）（附彩插）

导航速度及其速度误差曲线结果如图 6 - 33 所示。由速度曲线可以看出行车过程存在频繁加减速和转弯，可以实现高动态环境下对精度的充分验证。此外，速度误差曲线振荡也体现出了明显的舒勒振荡周期，且北向速度误差略小于东向速度误差，这与位置误差表现一致。速度误差振荡幅值逐渐增大，但是趋势较为缓慢，进而保证了 4 h 时间纯惯性下的位置精度优于 0.8 n mile/h，且精度保持时间远优于 1 h。

导航姿态及其误差曲线结果如图 6 - 34 ~ 图 6 - 36 所示。从航向角误差曲线可以看出，航向角误差的绝对值约为 1.6°，这主要是由于被测惯导和高精度参考基准之间存在安装偏差导致的。由于安装偏差符合小角度近似条件，因此其误差可以直接通过航向角输出作差进行评价。下述 GNSS 单点定位组合过程中，航向误差和姿态误差均体现为误差振荡幅度值，其中心值反映了固定的安装偏差。

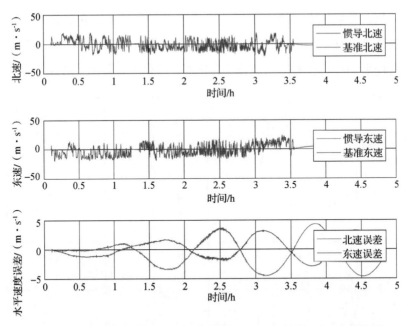

图 6 - 33　被测惯导水平速度及其误差曲线（GNSS 失效 1 h）（附彩插）

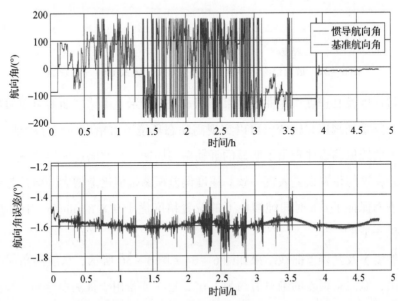

图 6 - 34　被测惯导与基准系统航向角及其误差曲线（GNSS 失效 1 h）（附彩插）

从俯仰角曲线中可以看到，俯仰角在 2.5 h 处有明显变化，这主要是由于车辆乘员发生变化，导致车体减震姿态变化，进而导致了俯仰角变化。同样，航向

角误差曲线都呈现一定的舒勒振荡特性。水平姿态误差则主要是由于纯惯导自身
的闭环特性引起，其长周期振荡不明显。

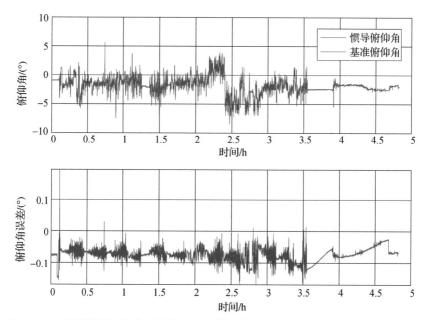

图 6-35　被测惯导与基准系统俯仰角及其误差曲线（GNSS 失效 1 h）（附彩插）

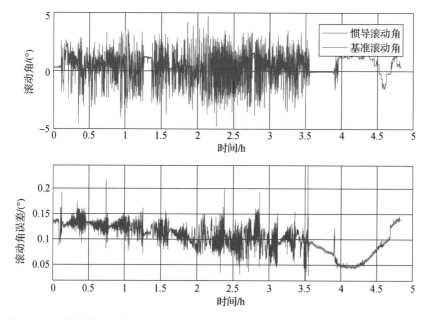

图 6-36　被测惯导与基准系统滚动角及其误差曲线（GNSS 失效 1 h）（附彩插）

GNSS 失效 1 h 导航精度统计值见表 6 - 32，测试结果表明被测惯导各性能均满足协议要求。

表 6 - 32　被测惯导 GNSS 失效纯惯性导航精度

	水平位置误差/nm	速度误差/(m·s⁻¹)（1σ）		航姿误差/(°)（1σ）			符合性
		北速	东速	航向	俯仰	滚动	
1 h	0.681	0.681	0.226	0.013	0.007	0.006	符合
2 h	1.241	0.976	1.564	0.038	0.013	0.02	额外参考
3 h	1.6	1.118	1.843	0.072	0.016	0.028	额外参考
4 h	2.298	1.507	2.358	0.109	0.017	0.035	额外参考
要求	0.8	0.8	0.8	—	—	—	
备注：基准系统导航结果与惯导导航结果同步后作差，统计差值的均方根值。							

6.2.4　航向自寻北精度验证

在室内静态或室外车载环境下，将惯导放置在稳定基座上，连接好惯性/卫星组合导航系统基准单元的供电和通信接口，每次通电预热 5 min，然后对准 5 min。重复此过程 7 次，记录 7 次自对准航向角。

具体方法如下。

①将惯导放置在实验室水平台面上，连接好电缆和天线，通过测试软件采集 COM1 和 COM8 数据；

②惯导通电后 10 min，记录惯导航向角、俯仰角和滚动角，惯导断电 1 min；

③将步骤②重复进行 6 次；

④统计 7 次航向角的重复性精度。

检测结果见表 6 - 33，测试结果表明被测惯导各性能均满足协议要求。

表 6 – 33　航向自寻北精度统计

组次	航向角/(°)	俯仰角/(°)	滚动角/(°)
1	269. 216	– 0. 238	– 0. 078
2	269. 239	– 0. 238	– 0. 079
3	269. 259	– 0. 239	– 0. 079
4	269. 328	– 0. 238	– 0. 079
5	269. 306	– 0. 240	– 0. 079
6	269. 299	– 0. 241	– 0. 081
7	269. 332	– 0. 236	– 0. 078
统计值（RMS）	0. 045	0. 002	0. 001
要求	≤0. 05	≤0. 01	≤0. 01
符合性	符合		

6.2.5　GNSS 失效航向保持精度验证

连接好惯性/卫星组合导航系统基准单元的供电和通信接口。将基准单元设置为纯惯性导航模拟 GNSS 失效，将其静置于大理石平台，通过上位机软件接收导航数据，测试时间为 60 min，获得三个方向的姿态跟踪精度。

具体方法如下。

①将惯导放置在实验室水平台面上，连接好电缆和天线，通过测试软件采集 COM1 和 COM8 数据；

②惯导通电后 10 min，断开卫星信号，纯惯性导航 60 min 后断电；

③统计 60 min 纯惯性航姿角的保持精度。

断开卫星信号进入纯惯性导航后，航向角波动曲线如图 6 – 37 所示。可以看出，航向角角度变化呈现出长周期变化和短周期波动，其中长周期变化主要是由于陀螺随机零偏常值标定残差引起的，而短周期变化主要是由导航过程中调制转位机构对误差标定时的往复旋转所引起的。

测试过程中，惯导作为基准保持姿态不变，即姿态角理论上不随时间变化，然而由于器件误差的存在，引起了姿态角的漂移，漂移大小反映了姿态角的保持性能。对全程姿态角求取均方差即可表征其保持精度。

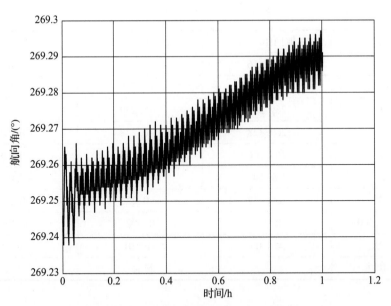

图 6-37　纯惯性导航 60 min 航向角曲线

根据上述数据，计算得到的姿态角保持精度见表 6-34。

表 6-34　卫星失锁惯导航姿保持精度统计（RMS）

时间	航向角
60 min	0.012°
要求	≤0.02°/h
符合性	符合

6.2.6　GNSS 失效姿态保持精度验证

GNSS 失效姿态保持精度验证的具体方法如下。

①将惯导放置在实验室水平台面上，连接好电缆和天线，通过测试软件采集 COM1 和 COM8 数据。

②惯导通电后 10 min，断开卫星信号，纯惯性导航 60 min 后断电。

③统计 60 min 纯惯性航姿角的保持精度。

断开卫星信号进入纯惯性导航后，俯仰角和滚动角波动曲线如图 6-38 和

图 6 - 39 所示。可以看出，三个角度变化呈现出长周期变化和短周期波动，其中长周期变化主要是由于陀螺随机零偏常值标定残差引起的，而短周期变化主要是由导航过程中调制转位机构对误差标定时的往复旋转所引起的。

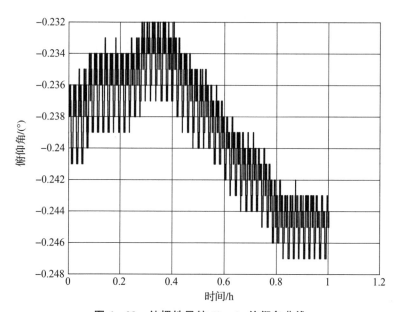

图 6 - 38　纯惯性导航 60 min 俯仰角曲线

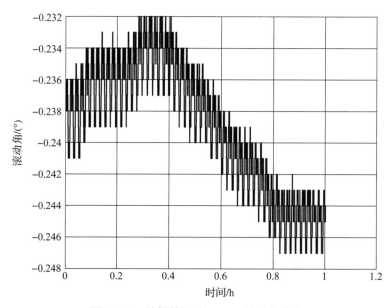

图 6 - 39　纯惯性导航 60 min 滚动角曲线

测试过程中，惯导作为基准保持姿态不变，即姿态角理论上不随时间变化，然而由于器件误差的存在，引起了姿态角的漂移，漂移大小反映了姿态角的保持性能。对全程姿态角求取均方差即可表征其保持精度。

根据上述数据，计算得到的姿态角保持精度见表 6 - 35。

表 6 - 35　卫星失锁惯导航姿保持精度统计（RMS）

时间	俯仰角	滚动角
60 min	0.004°	0.002°
要求	≤0.01°/h	
符合性	符合	

6.2.7　加速度和角速度测量范围验证

加速度和角速度的测量范围可通过集成用光纤陀螺和加速度计进行单表测试，也可通过集成的惯导系统进行测试。搭建单表测试采集系统或者搭建惯导系统的采集环境，施加冲击和角速度，并采集原始数据。通过分析数据中的最大值，获得加速度和角速度的最大测量范围。

对被测惯导采用的陀螺仪和加速度计同批次器件，分别进行器件级别的测量范围测试。其中，加速度计采用线振动台测试方法，陀螺仪采用高速速率台测试方法，以确定器件的量程。其测试过程如图 6 - 40 所示，其测量范围结果见表 6 - 36。

图 6 - 40　加速度计和陀螺仪测试过程

表 6 – 36　加速度计和陀螺仪测量范围

名称	项目	测试条件	指标要求	测量结果	
陀螺仪	3 轴角速度范围	常温	800°/s	800°/s	合格
加速度计	3 轴加速度范围	常温	±30g	±67g	合格

6.2.8　加速度和角速度零偏稳定性验证

将惯性/卫星组合导航系统基准单元固定在大理石平台上，连接好其供电和通信接口，通过串口分别采集陀螺仪和加速度计的原始数据，获得加速度和角速度原始数据的测量值。

具体方法如下。

①将被测惯导配置为惯性测量组合模式，将其置于大理石平台上；

②连接好通信和供电接口，通电预热 5 min；

③分别通过串口采集陀螺仪和加速度计的原始数据，并对其进行 Allan 方差和 10 s 平滑处理，计算器件的稳定性指标。

其测量结果见表 6 – 37。

表 6 – 37　加速度和角速度零偏稳定性

测试项目	温度/℃	合格要求	测试结果	
零偏稳定性 （Allan 方差）	25	0.01°/h	0.004 2°/h	合格
	– 40	0.01°/h	0.004 6°/h	合格
	70	0.01°/h	0.004 3°/h	合格
零偏重复性	25	0.01°/h	0.008°/h	合格
	– 40	0.01°/h	0.007 3°/h	合格
	70	0.01°/h	0.008 5°/h	合格

6.2.9　振动试验验证

将惯性/卫星组合导航系统基准单元通过工装安装在振动台上，连接好其供电和通信接口，连接卫星接收天线，完成初始对准并转导航成功。输入随机振动

(6.06g, 20~2 000 Hz) 条件，开始振动，振动时间为 10 min。通过上位机软件接收遥测数据，试验结束后，用 MATLAB 绘制采集数据的信息，记录振动过程中的位置、速度及姿态，查看惯导的振动工作性能。

具体方法如下。

①将惯导安装在垂直振动台上，连接惯导电源和通信电缆；电源线接直流电源，将直流电源供电预先调至 24 V 输出，限流 5 A。

②给惯导通电，起动完成后进入测试模式，对准完成后起动振动台。按照 GJB 150.16A—2009 中所规定的内容进行试验，参照高速公路卡车振动环境，按照图 6 - 41 输入振动频谱。振动试验总持续时间为天向轴和水平轴各 30 min，振动过程中记录导航数据。

③天向振动完成后，将惯导安装在水平振动台上，按照上述振动条件完成水平方向的振动和冲击试验。

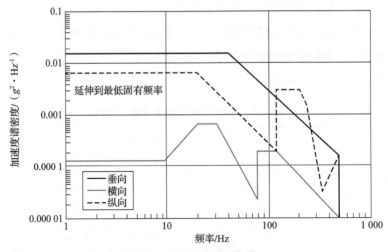

图 6 - 41 振动试验条件

以 y 轴振动过程为例，其振荡过程的原始数据如图 6 - 42 所示，可以看到振动轴向加速度计输出的峰值约为 4g。

考虑到天向轴振动与实际车载工况最为接近，因此给出天向 Z 轴振动试验结果如图 6 - 43 所示。系统在振动试验中工作正常，相比静态时期，振动过程中三个轴向输出姿态噪声明显变大，但是其航向角均值变化小于 0.06°（RMS），俯仰角均值变化小于 0.03°（RMS），滚动角均值变化小于 0.03°（RMS），满足技术要求。

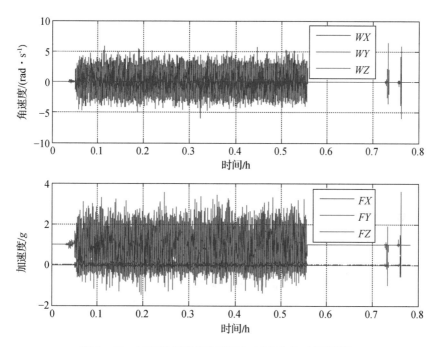

图 6－42　天向轴振动角速度及加速度曲线（附彩插）

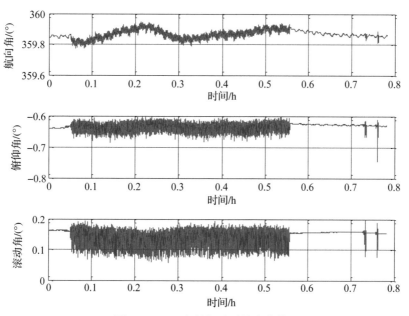

图 6－43　天向轴振动时航姿曲线

　　振动过程中进行组合导航，其速度误差和位置误差均满足技术要求，速度精度优于 0.1 m/s（RMS），位置精度优于 1.2 m，结果如图 6-44 和图 6-45 所示。

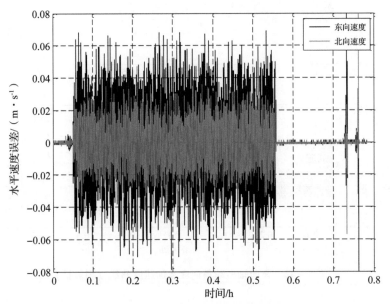

图 6-44　天向轴振动时速度误差曲线

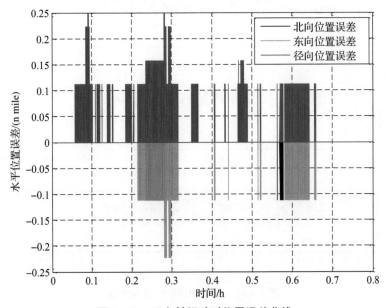

图 6-45　天向轴振动时位置误差曲线

6.2.10 高低温功能验证

将惯性/卫星组合导航系统基准单元通过工装安装在高低温箱中，惯导通电并连接卫星接收天线，对准完成后惯导进入到组合导航。温箱以 1 ℃/min 的速度降温到 −40 ℃，保温 2 h；再升温到 +60 ℃，保温 2 h。温箱断电后，惯导系统保持工作约 2 h，查看惯导全温工作性能。

具体方法如下。

①温箱以 1 ℃/min 的速度升温到 +60 ℃，保温 3 h。

②惯导通电，对准完成后惯导进入到纯惯性导航约 2 h。

③将惯导放置在高低温温箱中，温箱以 1 ℃/min 的速度降温到 −40 ℃，定值保温。

④惯导重新通电，对准完成后惯导进入到纯惯性导航约 2 h。

⑤惯导断电，温箱以 1 ℃/min 的速度升温到 50 ℃烘干。

由试验结果得到，高温 60 ℃条件下惯导工作正常，从航姿、速度和位置误差曲线（见图 6 − 46 ~ 图 6 − 48）来看导航结果正常，高温工作试验结果见表 6 − 38。

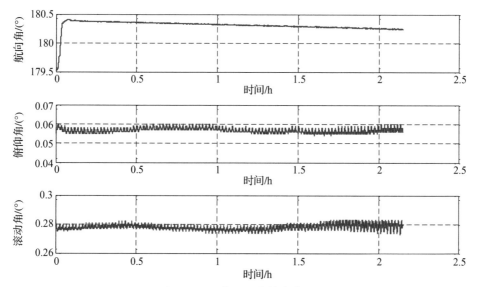

图 6 − 46 高温工作航姿曲线

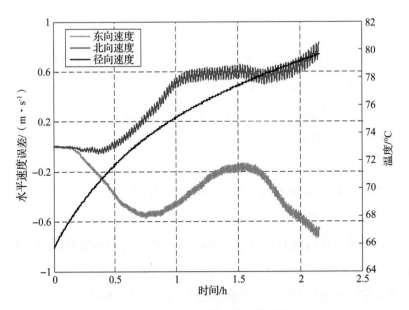

图 6-47 高温工作速度误差曲线

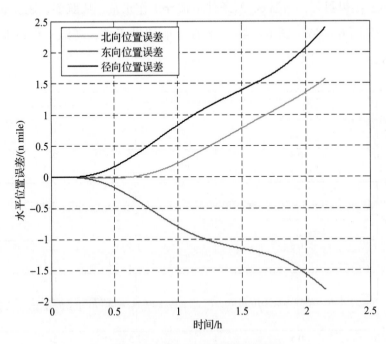

图 6-48 高温工作位置误差曲线

表 6 – 38　高温工作试验结果

	水平位置误差/ （n mile）（CEP）	速度误差/（m·s⁻¹）（1σ）		航姿误差/（°）（1σ）			符合性
		北速	东速	航向	俯仰	滚动	
1 h	0.521	0.487	– 0.436	0.029	0.003	0.003	符合
2 h	0.842	0.776	– 0.564	0.036	0.002	0.004	额外参考
要求	0.8	0.8	0.8	——	——	——	
备注：基准系统导航结果与惯导导航结果同步后作差，统计差值的均方根值。							

　　由试验结果得到，低温条件下惯导工作正常，从航姿、速度、位置误差曲线（见图 6 – 49 ~ 图 6 – 51）来看导航结果正常，低温工作试验结果见表 6 – 39。

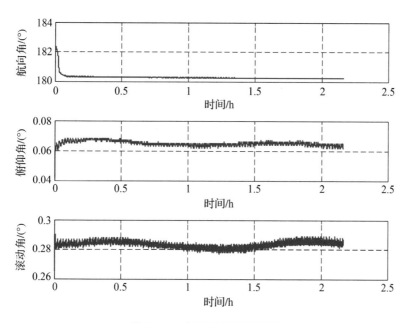

图 6 – 49　低温工作航姿曲线

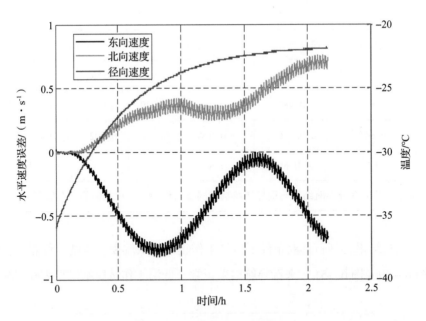

图 6 - 50   低温工作速度曲线

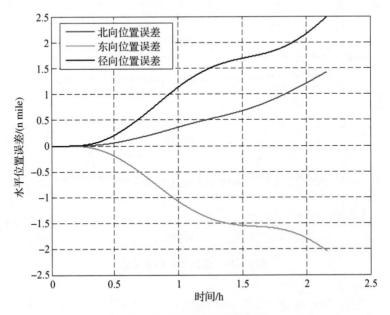

图 6 - 51   低温工作位置误差

表 6 - 39　低温工作试验结果

	水平位置误差/ (n mile)(CEP)	速度误差/(m · s⁻¹) (1σ)		航姿误差/(°) (1σ)			符合性
		北速	东速	航向	俯仰	滚动	
1 h	0.786	0.434	- 0.675	0.023	0.003	0.003	符合
2 h	0.912	0.376	- 0.564	0.027	0.004	0.004	额外参考
要求	0.8	0.8	0.8	—	—	—	

备注：基准系统导航结果与惯导导航结果同步后作差，统计差值的均方根值。低温试验时，导航正常是指能够正常输出导航结果，考核速度或位置精度满足纯惯性指标。

6.3　应用实测试验

6.3.1　车载测试应用

被考核产品：中精度 SNC300A 惯导。

在车载动态条件下（见图 6 - 52），考核 SNC300A 惯导（以下简称产品）组合导航的速度、位置和航姿精度，导航精度见表 6 - 40。

图 6 - 52　车载测试环境（右边为基准，中间为 SNC300A）

表 6-40 SNC300A 车载精度要求

序号	检测内容	要求	
1	航姿精度	在线组合精度： 俯仰、横滚（RMS）≤0.05°，航向（RMS）≤0.1°	
		失锁 1 h 保持精度： 俯仰、横滚（RMS）≤0.5°，航向（RMS）≤0.5°	
2	速度和位置精度	失锁 1 h 速度位置精度： 东北向速度（RMS）≤3 m/s 位置（CEP）≤3 nm	

基准系统：高精度 SNC500 惯导。

在车载动态条件下，考核 SNC500 惯导（以下简称基准系统）组合导航的速度、位置和航姿精度，导航精度要求见表 6-41。

表 6-41 高精度惯导 SNC500 惯导精度

主要项目	测试条件	可达指标
定位精度	GNSS 有效，单点	≤1.2 m（RMS）
	GNSS 有效，RTK	2 cm + 1 ppm（RMS）
	定位保持（GNSS 失效）	≤0.8（n mile）/h（CEP）
航向精度	自寻北	0.05°（在北京、石家庄测试），静基座 5 min对准
	航向保持（GNSS 失效）	≤0.02°/h(RMS)
姿态精度	GNSS 有效	≤0.01°（RMS）
	姿态保持（GNSS 失效）	≤0.01°/h（RMS）
速度精度	GNSS 有效，单点 L1/L2	≤0.1 m/s（RMS）
	速度保持（GNSS 失效）	≤0.8 m/s（RMS）

以上述基准系统作为参考基准，对产品进行性能评估，其自身基准测量误差会影响评价方法。通常精度评价是将两套惯导输出数据直接作差，将作差后的误差作为精度评价的数据源。该数据源本质上属于误差合成，通过合成误差计算方

法可以得出组合导航的姿态误差评价精度。

其中，航向误差的评价精度为

$$\varepsilon < \sqrt{0.05° + 0.1°} \tag{89}$$

水平姿态误差的评价精度为

$$\varepsilon < \sqrt{0.01° + 0.05°} \tag{90}$$

通过上述误差合成，可以看到输出导航结果作差后数据精度与被测惯导产品精度相当，基准系统自身误差对总体误差的影响较小。因此，该基准系统可以作为参考基准，满足产品测试需求。

（1）组合导航实测验证

具体测试方法如下。

①将产品和基准系统一起安装在试验车辆工装板上，确保两个系统方向一致，SNC300A 和基准系统通过功分器连接同一个卫星天线。

②基准系统通电，先进行对准 10 min，然后转入组合导航，记录基准系统导航数据。

③将产品连接好电缆和主天线，产品通电，对准完成后试验车辆自由行驶超过 30 min，行驶过程中记录导航数据。

④利用基准系统和产品的时间标志进行同步比较，统计产品的航姿精度。

图 6–53 给出了产品和基准系统的航向曲线，优于欧拉角定义的周期性，0°和 360°为同一姿态，所以曲线中存在 0°到 360°的来回跳动。航向角误差曲线呈现周期性波动，主要原因是产品的航向通过 GNSS 单天线位置和速度组合得到。在组合过程中，速度对航向误差的观测性较好，导致在航向变化即车辆转向过程中，速度变化会引起短暂的航向波动。在直线行驶过程中，航向波动主要由产品的陀螺跟踪误差引起，所以体现为缓变过程。

水平姿态及其误差曲线如图 6–54、图 6–55 所示。可以看到，其误差波动范围较航向误差波动范围小，主要原因是单天线速度和位置组合过程中，加速度零位和水平姿态误差角是完全可观测的。因此，在车载试验过程中，水平姿态误差的缓变波动范围较小，通常在数秒内即可完全收敛，其波动过程主要体现为秒级别的收敛过程。

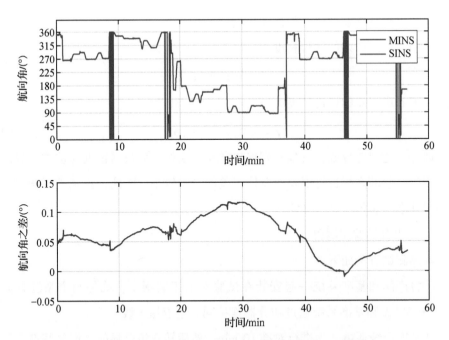

图 6 – 53　产品与基准系统航向角及其误差曲线（附彩插）

注：MINS 为基准系统惯性导航单元，SINS 为产品惯性导航单元。

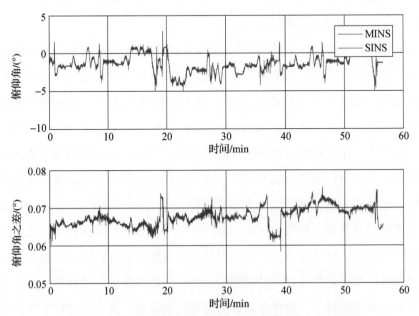

图 6 – 54　产品与基准系统俯仰角及其误差曲线（附彩插）

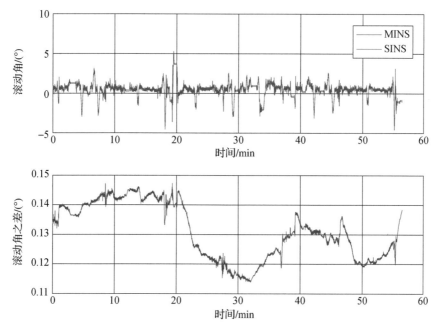

图6-55 产品与基准系统滚动角及其误差曲线（附彩插）

根据导航曲线，统计误差结果见表6-42。以基准系统作为参考系统，可以实现对其他系统性能的准确评估。

表6-42 车载组合导航精度统计

	航向/(°)	俯仰/(°)	滚动/(°)	符合性
统计	0.031 78	0.002 38	0.009 40	符合

（2）纯惯性导航实测验证

具体测试方法如下。

①将产品和基准系统安装在试验车辆工装板上，确保两个系统方向一致。

②基准系统通电，先进行对准10 min，然后转入组合导航，记录基准系统导航数据。

③将产品连接好电缆和主天线，产品通电，对准15 min后发送转纯惯性指令，产品转入纯惯性导航；试验车辆自由行驶超过30 min，行驶过程中记录导航数据。

④利用基准系统和产品的时间标志进行同步比较，统计纯惯性导航的航姿、

位置和速度精度。

　　车载纯惯性导航精度统计见表 6 – 43。在上述试验过程中，产品在对准时刻车体进行了两个位置的转动。通过零速修正的精对准方法，对器件误差进行了校正，因此被测产品的纯惯性性能体现了较高的精度，然而这并不影响基准系统对产品的精度评估。

表 6 – 43　车载纯惯性导航精度统计

失锁时间	水平位置误差/m（RMS）	速度误差/（m·s⁻¹）（RMS）		航姿误差/（°）（RMS）			符合性
		北速	东速	航向	俯仰	滚动	
60 min	468. 871 4	0. 457 48	0. 156 4	0. 060 25	0. 005 10	0. 011 84	符合
备注：基准系统导航结果与产品导航结果同步后作差，统计差值的均方根值。							

　　图 6 – 56 ~ 图 6 – 58 给出了产品 GNSS 信号失锁 1 h 进行纯惯性导航过程中基准系统的姿态角曲线以及两套系统姿态角之差的曲线。可以看到水平姿态角误差保持了较高的精度。这主要是因为在初始时刻的两位置对准过程中，器件的零位

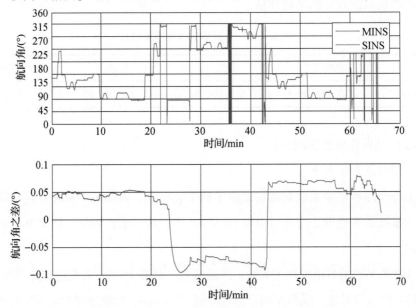

图 6 – 56　失锁 1 h 航向角及其误差曲线（附彩插）

误差得到了较好的估计。此外，姿态误差与加速度计误差也实现了较好的耦合，导致速度误差没有被完全激励，从而实现了高精度的纯惯导。

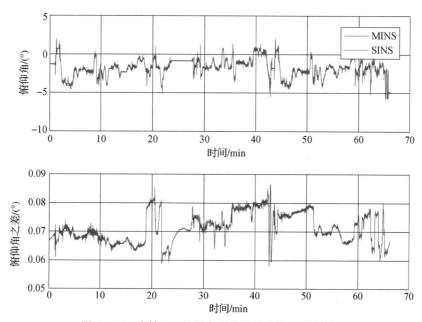

图 6-57　失锁 1 h 俯仰角及其误差曲线（附彩插）

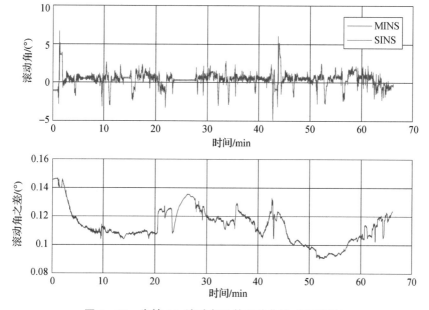

图 6-58　失锁 1 h 滚动角及其误差曲线（附彩插）

此外，为测试短时间 GNSS 信号失锁下产品的纯惯性导航性能，图 6 – 59 ~ 图 6 – 64 给出了静态工况失锁 60 s 内的纯惯性导航误差曲线。可以看到，导航姿态角、速度以及位置误差呈现较小的线性发射趋势。

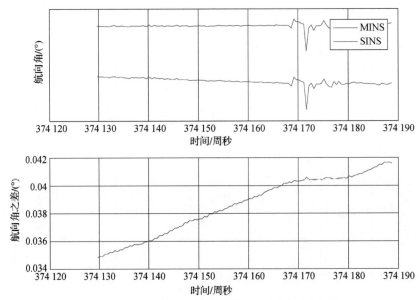

图 6 – 59　失锁 60 s 航向角及其误差曲线（附彩插）

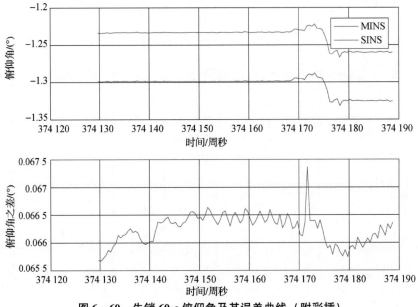

图 6 – 60　失锁 60 s 俯仰角及其误差曲线（附彩插）

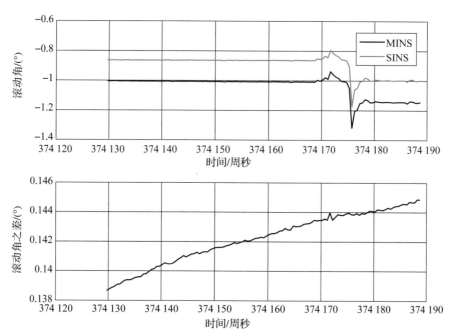

图 6-61　失锁 60 s 滚动角及其误差曲线

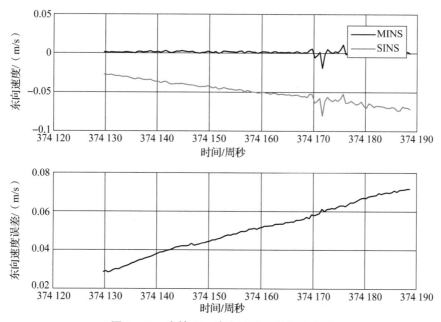

图 6-62　失锁 60 s 东向速度及其误差曲线

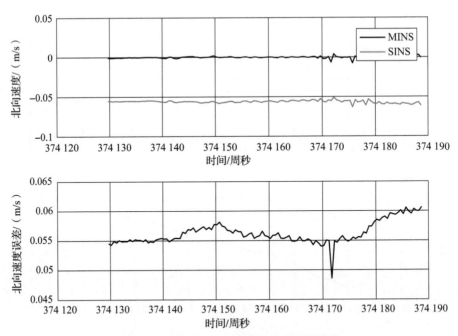

图 6 - 63　失锁 60 s 北向速度及其误差曲线

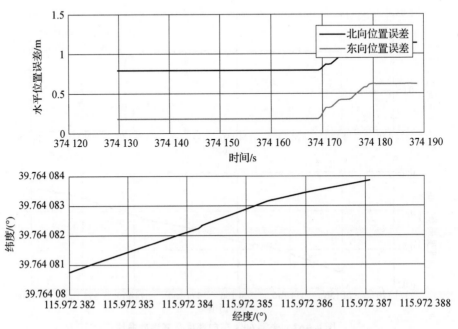

图 6 - 64　失锁 60 s 水平位置误差曲线

综上所述，基于基准系统，产品 GNSS 信号失锁 60 min 的纯惯性导航性能见表 6 −43。

6.3.2　机载测试应用

被考核产品：中精度 500A 惯导。

考核在机载情况下的导航精度，特别是飞行期间的纯惯性速度和位置精度，要求满足纯惯性导航 1 h 位置误差≤1.8 n mile（CEP）、东北向速度≤1.5 m/s（1σ）。

机载试验主要包括实验设备见表 6 −44。

表 6 −44　主要试验设备

序号	设备名称	数量	备注
1	基准惯导 SNC500U	1 套	包括 X1、X2 和 X3 电缆、天线及馈线
2	SNC500A 惯导	1 套	包括 X1、X2 和 X3 电缆、天线及馈线
3	数据采集计算机	1 台	
4	蓄电池	2 台	每台 12 V，带蓄电池充电器
5	安装底板	1 块	能够固定两个惯导和蓄电池等

试验设备连接关系如图 6 −65 所示，试验设备及载机如图 6 −66 所示。

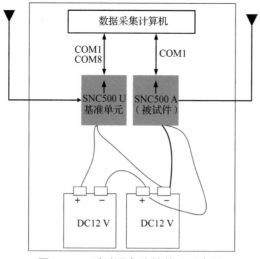

图 6 −65　试验设备连接关系示意图

图 6 - 66　试验设备及载机

被试惯导和基准系统供电均为 24 V，通过两个电池串联实现供电；试验时记录基准系统的 COM1 和 COM8 数据；记录被试惯导的 COM1 导航数据。

试验剖面图如图 6 - 67 所示。

基准开机	被试惯导开机	准备起飞	起飞	被试惯导转纯惯性导航		降落结束 关机
20 min	约 10 min		约 6 min	约 1 h		约 0.5 h
基准对准并导航	被试惯导对准：卫星定位后 300 s 对准完成	起飞准备	空中组合导航	被试惯导纯惯性导航 1 h：发送纯惯指令，转入纯惯性导航，飞机自由飞行		

图 6 - 67　试验剖面图

试验内容及步骤如下。

①按照设备连接关系将设备安装连接牢固，卫星天线尽可能靠近惯导安装位置，确保收星效果良好；

②载机就位后保持静止，基准惯导提前 20 min 通电，进入正常组合工作模式；

③被试惯导通电进入正常工作模式，对准完成后 5 min 起动滑行并飞行；

④在空中飞行 6 min 后，通过 COM8 调试口发送转纯惯指令，惯导内将卫星信息置为无效，惯导进入纯惯性导航状态；

⑤切换至纯惯性导航后继续飞行 1 h，然后降落并稳定停靠。静态工作约 0.5 h 后惯导断电。

将被试惯导 COM1 输出的导航结果与基准系统 COM1 输出的导航结果进行对比，计算位置误差（CEP）和速度误差（1σ）。

产品在 1 360 s 时转入纯惯性导航，总的纯惯性导航时间约为 1.5 h（1 360 ~ 6 540 s）。速度及误差曲线、位置及误差曲线、航姿角度曲线如图 6 - 68 ~ 图 6 - 70 所示。

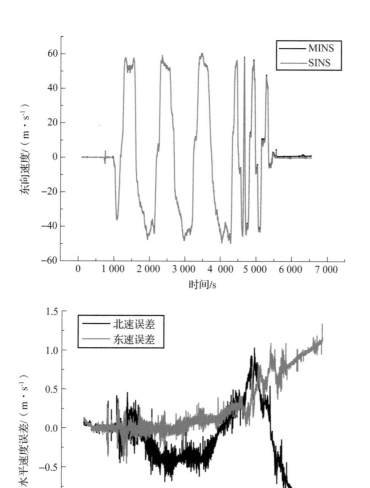

图 6 - 68 速度及其误差曲线

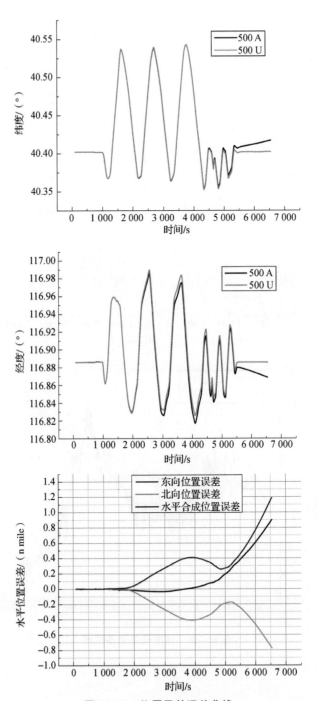

图 6 – 69　位置及其误差曲线

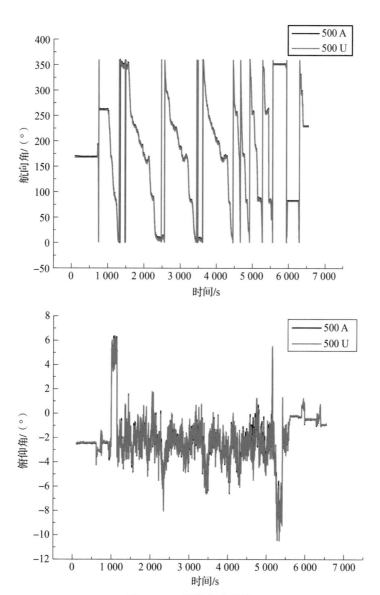

图 6 – 70　航姿角度曲线

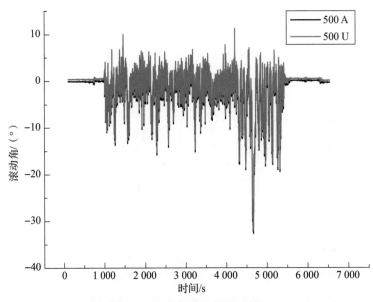

图 6-70 航姿角度曲线 (续)

速度及位置误差统计见表 6-45。

表 6-45 纯惯性导航速度和位置精度统计

时间/h	类型	北速误差/ (m·s⁻¹)	东速误差/ (m·s⁻¹)	东向位置 误差/nm	北向位置 误差/nm	合成位置 误差/nm
1	最大值	-0.5	0.6	-0.05	-0.41	0.45
	1σ	0.23	0.22	—	—	0.27 （CEP）
1.5	最大值	-1.1	1.1	0.90	0.75	1.18
	1σ	0.43	0.46	—	—	0.61 （CEP）

在产品和基准系统的东向速度曲线图 6-68 中，900~1 500 s 为飞前准静态组合导航飞行时间段，1 500~2 000 s 为产品组合导航飞行时间段，2 000~5 500 s 为产品纯惯性飞行时间段。可以看出，飞行过程组合导航阶段，速度误差比起飞前准静态组合导航阶段显示出较大的振荡噪声。这主要是由于飞行过程中面临的力学环境较差，即发动机振动力学干扰了陀螺仪和加速度计性能，导致卡尔曼滤波器在时间更新时跟踪到的速度误差增加。同时，卡尔曼滤波器的相应误差状态协

方差也增大，由于卡尔曼滤波器具有加权融合特性，部分预测信息会引入到导航结果中，从而导致速度误差的增加。随着误差状态协方差的增大，其可观测性会增强，加速度状态的估计逐渐收敛，进而可以实现对飞行状态下惯性器件发射变化的零偏进行部分估计，使得产品能够在 GNSS 缺失进入纯惯性导航时依然保持较高精度的导航性能。如图 6 - 68 所示，在纯惯性导航飞行过程中，速度误差的增长速度较慢。然而，随着纯惯性导航时间增加，其滤波器前期对器件误差估计的效果逐渐减弱，或者说器件误差优于零偏不稳定性进一步发生偏移，导致进入纯惯性导航前的估计值不再准确，即使飞机降落后处于静态工况，其速度误差的发散程度仍然大于飞行工况。

上述特性在经纬度曲线、位置误差曲线中都有所呈现。进一步验证了滤波器不仅能在组合导航阶段提升性能，还可以实现短时间内的纯惯性导航性能的提升。

通过上述应用实测试验可以验证，采用基准系统，在车载和机载应用场合下，均能有效评估和验证低精度惯导的速度、位置和航姿等信息。

参考文献

[1] 吴发林，赵恒阳，赵剡，钟海波. 基于半实物仿真平台的组合导航评估系统设计 [J]. 测控技术，2015, 34 (10)：126 – 129.

[2] 陈坡. GNSS/INS 深组合导航理论与方法研究 [D]. 郑州：信息工程大学，2013.

[3] 翟峻仪. GNSS/INS 组合导航系统性能评估技术研究 [D]. 北京：北京理工大学，2015.

[4] 冯远远. IRS/GNSS 导航综合性能评估技术 [D]. 南京：南京航空航天大学，2010.

[5] 王胜标. 一种组合导航系统性能评估实验平台的研发 [D]. 上海：上海交通大学，2007.

[6] 赵欣，王跃钢，王仕成，张金生，杨述华. 一种组合导航信息融合算法品质评估方法 [J]. 中国惯性技术学报，2012, 20 (2)：211 – 219.

[7] 杨阳. 组合导航滤波算法设计及其性能评估方法 [D]. 郑州：河南工业大学，2018.

[8] 王胜标，王俊璞，倪静静，田蔚风，金志华. GPS/INS 组合导航算法性能评估平台 [J]. 中国惯性技术学报，2007, 15 (2)：181 – 185.

[9] 王君帅，王新龙. SINS/GPS 紧组合与松组合导航系统性能仿真分析 [J]. 航空兵器，2013 (2)：14 – 15.

[10] 于洁，王新龙. GPS 紧组合导航系统仿真研究 [J]. 航空兵器，2008

（6）：8 – 13.

［11］李滋刚，万德钧. 捷联式惯性技术及系统［M］. 南京：东南大学先进技术与装备研究院，2007

［12］马云峰. MSINS/GPS 组合导航系统及其数据融合技术研究［D］. 南京：东南大学，2006.

［13］秦永元等. 卡尔曼滤波与组合导航原理［M］. 西安：西北工业大学出版社，1998.

［14］何广军，李保全，马计房. SINS/GPS 组合导航的半实物仿真实验系统设计［J］. 计算机仿真. 2006，23（7）：268 – 271.

［15］徐国保. MATLAB/SIMULINK 权威指南：开发环境、程序设计、系统仿真与案例实战［M］. 北京：清华大学出版社，2019.

［16］罗华飞. MATLAB GUI 设计学习手记［M］. 北京：北京航空航天大学出版社，2011.

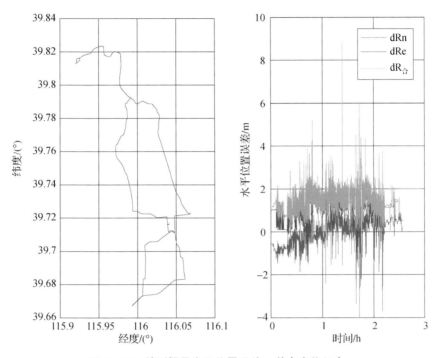

图 6-22 被测惯导水平位置误差（单点定位组合）

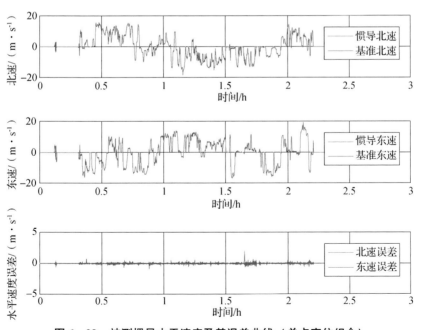

图 6-23 被测惯导水平速度及其误差曲线（单点定位组合）

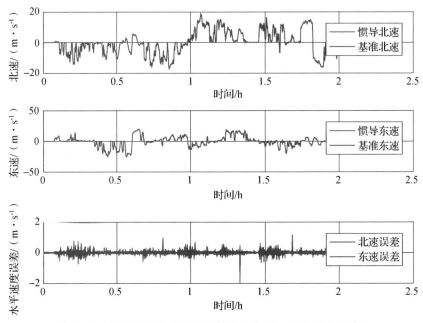

图 6 – 28　被测惯导水平速度及其误差曲线（RTK 定位组合）

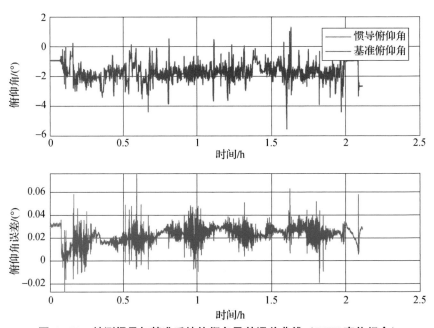

图 6 – 30　被测惯导与基准系统俯仰角及其误差曲线（RTK 定位组合）

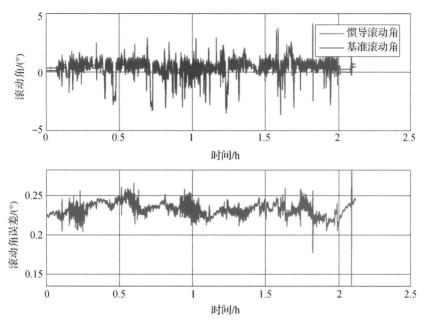

图 6 – 31 被测惯导与基准系统滚动角及其误差曲线（RTK 定位组合）

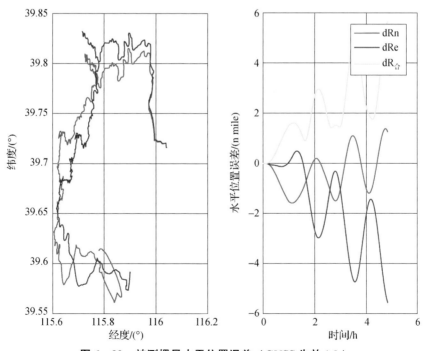

图 6 – 32 被测惯导水平位置误差（GNSS 失效 1 h）

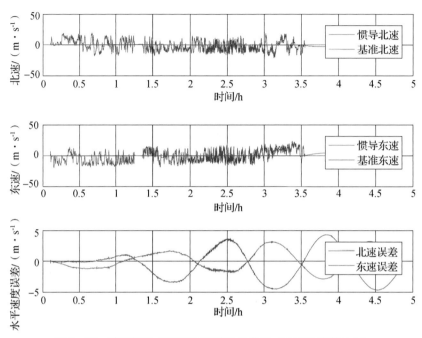

图 6 – 33　被测惯导水平速度及其误差曲线（GNSS 失效 1 h）

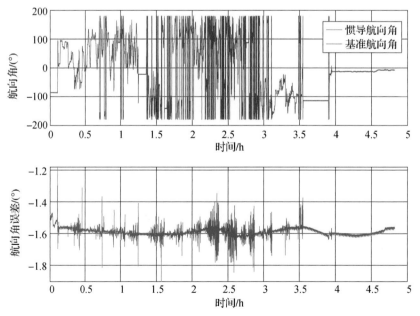

图 6 – 34　被测惯导与基准系统航向角及其误差曲线（GNSS 失效 1 h）

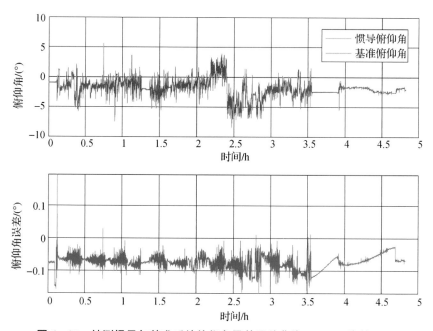

图 6 – 35　被测惯导与基准系统俯仰角及其误差曲线（GNSS 失效 1 h）

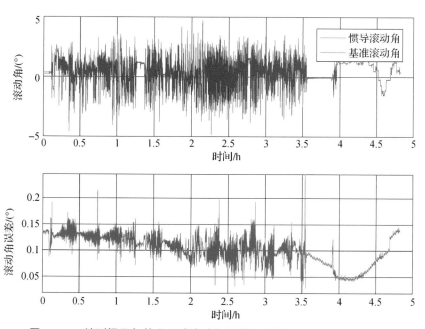

图 6 – 36　被测惯导与基准系统滚动角及其误差曲线（GNSS 失效 1 h）

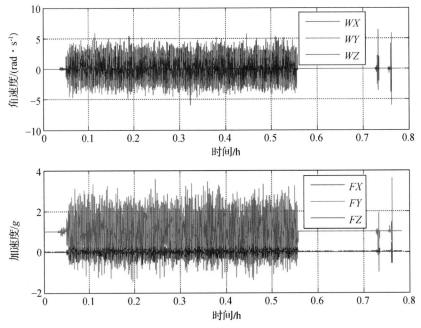

图 6 - 42　天向轴振动角速度及加速度曲线

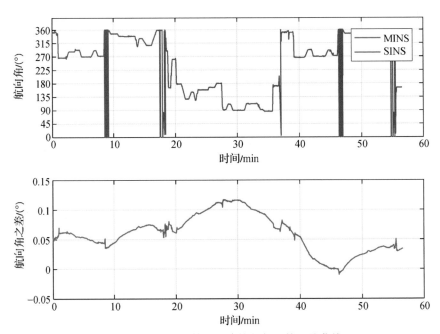

图 6 - 53　产品与基准系统航向角及其误差曲线

注：MINS 为基准系统惯性导航单元，SINS 为产品惯性导航单元。

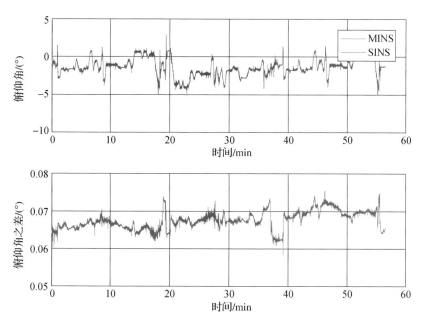

图 6-54 产品与基准系统俯仰角及其误差曲线

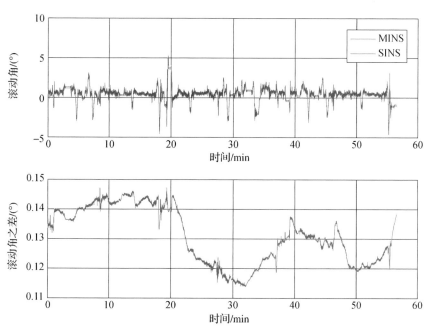

图 6-55 产品与基准系统滚动角及其误差曲线

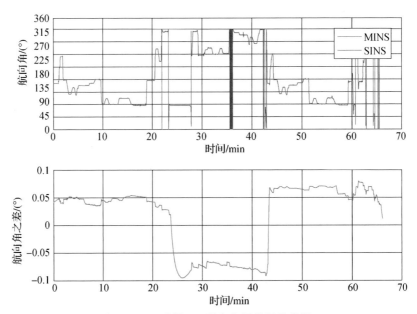

图 6-56　失锁 1 h 航向角及其误差曲线

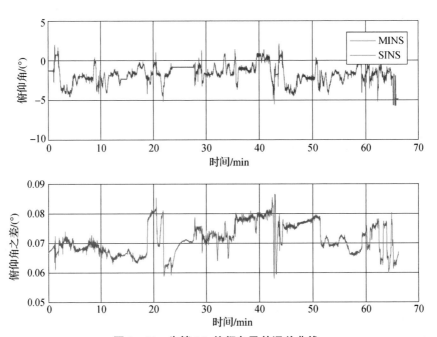

图 6-57　失锁 1 h 俯仰角及其误差曲线

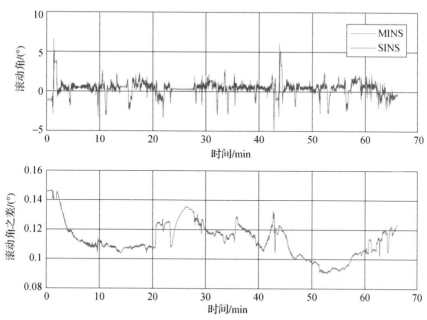

图 6 - 58　失锁 1 h 滚动角及其误差曲线

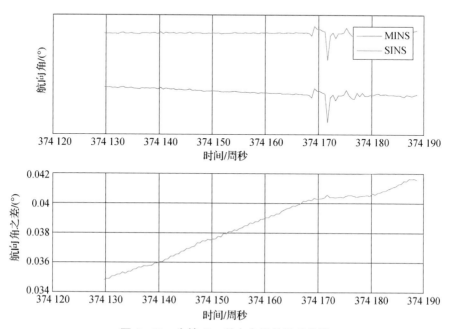

图 6 - 59　失锁 60 s 航向角及其误差曲线

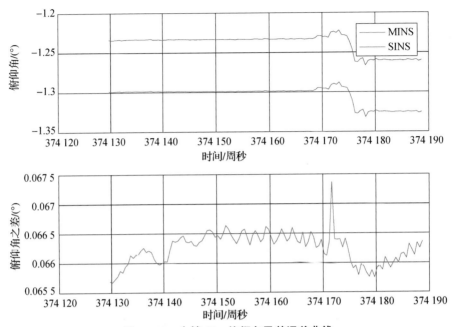

图 6 - 60　失锁 60 s 俯仰角及其误差曲线